大学计算机基础上机指导与典型题解

夏 涛 主编

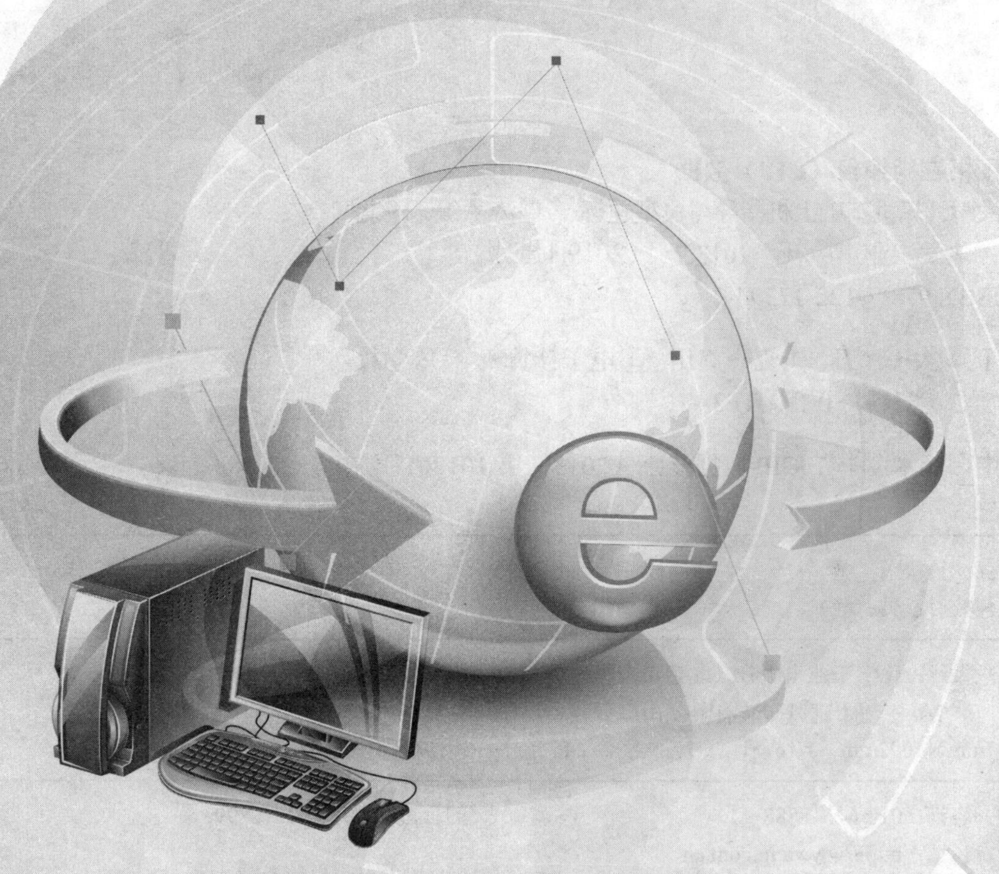

化学工业出版社

·北京·

本书根据教育部高等学校非计算机专业计算机基础课程教学指导分委员会提出的“1+X”课程设置模式的要求编写。全书主要内容包括计算机硬件基本知识、Windows 操作系统、计算机网络技术基础、常用工具软件、Word 字处理软件、Excel 电子表格软件、PowerPoint 演示文稿制作软件等。

本书可作为《大学计算机基础》课程的实验教材，也可供计算机初学者自学使用。

图书在版编目（CIP）数据

大学计算机基础上机指导与典型题解 / 夏涛主编. —北京：化学工业出版社，2013.7 （2019.1重印）

ISBN 978-7-122-17394-2

Ⅰ.①大… Ⅱ.①夏… Ⅲ.①电子计算机-高等学校-教学参考资料 Ⅳ.①TP3

中国版本图书馆 CIP 数据核字（2013）第 101201 号

责任编辑：宋　薇　　　装帧设计：张　辉

责任校对：吴　静

出版发行：化学工业出版社（北京市东城区青年湖南街 13 号　邮政编码 100011）

印　　装：三河市延风印装有限公司

787mm×1092mm　1/16　印张 7½　字数 246 千字　2019 年 1 月北京第 1 版第 8 次印刷

购书咨询：010-64518888　　　售后服务：010-64518899

网　　址：http://www.cip.com.cn

凡购买本书，如有缺损质量问题，本社销售中心负责调换。

定　　价：23.00 元

前言

本书是《大学计算机基础》（ISBN 978-7-122-17258-7）的实践指导书，《大学计算机基础》作为大学新生的第一门计算机课程，要为后续的相关课程打下必要的基础，与之相关的技术实际操作和典型案例在学生学习过程中所起到的作用不容小觑。本书所涉及的实践指导内容较为广泛，教师可以根据课堂教学内容和学生实际情况进行选择，以满足不同层次学生的学习需要。

本书除了对计算机硬件、Windows 操作系统、计算机网络和常用工具软件的实际操作进行介绍外，还从学生学习和就业的角度出发，将 Office 2010 中的 Word 字处理软件、Excel 电子表格软件、PowerPoint 演示文稿制作软件、Access 数据库软件的使用和典型案例进行了介绍和分析，旨在强化学生应用能力的培养。每个章节后都附有练习题，通过理论练习和操作练习的综合作用，使教学能够达到巩固和提高的效果。

本书的教学课件，可登录化学工业出版社教学资源网（http://www.cipedu.com.cn）下载。为了弥补课本内容的局限性，本书还配有计算机教学辅助平台（www.5ic.net.cn），该平台为教师教学和学生学习提供了练习系统和考试系统。平台上还发布有与教学相关的电子资源，以形成对图书的有益补充。需要使用该计算机教学辅助平台的老师或同学，可以发送 email 到 tougao5ic@126.com，与编辑取得联系。真诚期待得到您对本书编写和教学辅助平台建设的意见和建议。

本书由多所高校的教师共同创作完成，全书由夏涛主编，参加编写的人员还有：李亦天、李柳、万智鹏、张政、王海彤和徐礼辉等。本书在编写过程中得到了“5iC”计算机教学辅助平台研发和使用者的多方帮助，在此一并表示感谢。

由于作者水平所限，书中若有不妥之处，敬请读者批评指正。

编　者

2013 年 6 月

5iC 教学辅助平台简介

5iC 是化学工业出版社推出的集作业、答疑、考试、学生课下练习等为一体的计算机教学辅助平台。它能够帮助老师完成除上课之外的几乎所有教学工作，同时它也为学生提供了一种方便、快捷、高效的学习方法和交流平台。

多年来，5iC 系统通过提供高可靠性的服务，实现了多校间资源共享、系统自动阅卷、提供完备考试档案等多种便捷、实用的功能。经过近 10 年的发展，目前已有上线课程 20 余门，使用高校 50 余所。

5iC 已有课程：

计算机类	计算机基础	C 语言程序设计	
	计算机网络	VB 程序设计	
	C++程序设计	SQL 数据库	
	Java 程序设计	Access 数据库	
	网络技术及应用	Visual Foxpro 程序设计	
	多媒体技术及应用	数据结构	
公共课类	大学体育		
	思想道德修养与法律基础		
	大学生安全教育		
	高等数学		
经管财会类	基础会计	金融学	经济法概论
	成本会计	管理学	
	高级财务会计	微观经济学	

敬请登陆 www.5ic.net.cn 获得更多相关信息。也可发送 email 到 tougao5ic@126.com，与我们取得联系。

更多课程不断建设、完善中，期待您的参与！

目录

第 4 章

第 5 章

第 6 章

第 7 章

第1章 计算机硬件基本知识

实验 1.1　计算机的基本结构和组装

1.1.1　实验目的

（1）熟悉计算机系统的功能部件、基本结构和硬件组成。

（2）了解计算机的安装方法。

1.1.2　实验内容

（1）识别计算机主板上的主要部件，包括：CPU、内存条、外存（硬盘、光驱）、计算机外设（键盘、鼠标、显示器)。

（2）识别计算机上的接口卡。

（3）识别计算机上的接口：USB 接口、键盘接口、鼠标接口、串行通讯口、并行通讯口、耳机和麦克接口等。

（4）组装一台计算机，了解各硬件设备的连接方法。

1.1.3　实验步骤

（1）识别计算机主板上的主要部件。打开计算机的机箱，找到计算机的主板（见图 1-1），认识主板上的 CPU（见图 1-2）、内存条（见图 1-3）、扩展插槽等。

图 1-1　主板

图 1-2　CPU

从扩展插槽中拔下一条内存条，了解它的性能指标，然后再插回扩展插槽中。

图 1-3　内存条

（2）识别计算机的外存储器。查看计算机的硬盘（见图 1-4）及光驱（见图 1-5）。

图 1-4　硬盘

图 1-5　光驱

拔下连接计算机的硬盘、光驱与主板连接的扁平电缆，再将扁平电缆插入电缆座中，注意方向不要插反。

注意观察外存储器的电源线连接情况。

（3）认识计算机的接口卡。计算机的接口卡有 USB 接口卡、键盘鼠标接口卡、串行通讯口卡、并行通讯口卡、耳机和麦克接口卡等。接口卡外观如图 1-6 所示。各种接口卡外形大同小异，一侧均垂直设立有一插条，用来将接口卡固定在计算机机壳上；另一侧有能插入主板插槽的插条。

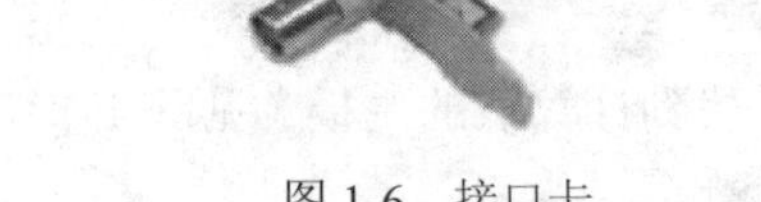

图 1-6　接口卡

（4）识别计算机的接口。计算机的接口有键盘接口、鼠标接口、串行通讯接口、并行通讯口、USB 接口、耳机和麦克风接口等，如图 1-7 所示。

图 1-7　接口

为了方便使用者，在计算机机箱的正面，通常也会有 USB 接口和麦克风、耳机接口。这些接口是通过电缆和计算机主板上的接口连接的。

（5）识别计算机外设。找到计算机的显示器、鼠标和键盘。

拔下显示器与主机的连接电缆，查看显示器与主机连接的接口形状。查看鼠标和键盘的接口，比较其形状的异同。

（6）组装计算机。计算机各部件的组装方法和步骤如下：

① 将 CPU 插入主板的 CPU 插槽，并且安装散热风扇。

② 将内存条插入主板内存插槽中。

③ 将显卡插入主板上合适的插槽，如果显卡是主板集成的，则省略此步。

④ 将光驱、硬盘接入 IDE 接口。

⑤ 将电源接入主板的电源接口。

⑥ 重新检查各个接线，然后将主机装箱接入显示器，键盘、鼠标。

到此，计算机组装完毕。

实验 1.2　计算机系统的启动和关闭

1.2.1　实验目的

（1）了解 BIOS 的设置。

（2）了解计算机的各种启动和关闭方法。

（3）掌握鼠标的常用操作方法。

（4）了解 Windows 系统的安装过程和应用软件的安装过程。

1.2.2　实验内容

（1）启动计算机：电源开关启动、复位键重新启动、系统下重新启动。

（2）关闭计算机：正常关闭、非正常关闭。

（3）了解鼠标的组成及使用方法。

（4）进入 BIOS 设置，查看正在使用的计算机的硬件参数。

（5）安装 Windows 操作系统。

（6）Ghost 备份系统。

（7）安装应用软件。

1.2.3　实验步骤

（1）启动计算机。计算机的启动常用的方法有 3 种：

① 电源开关的启动。计算机通电后，按机箱上电源开关启动计算机。

② 系统运行下重新启动。在计算机使用过程中，点击屏幕左下方的“开始”—“关闭计算机”—“重新启动”，这时，计算机就会重新启动。

③ 复位键重新启动。在计算机使用过程中，计算机出现重大的错误而死机，不能通过方法②重新启动时，按机箱上的复位键，使计算机重新启动。

（2）关闭计算机。

① 正常关闭。点击“开始”—“关机”，能将计算机关闭。

② 非正常关闭。计算机在使用过程中由于某种原因不能通过方法①关闭时，只能强制进行关闭，按住电源开关超过 5 秒，计算机将关闭。

提示：非正常关闭会对计算机造成一定的损害，不要在正常情况下采用非正常关闭。

（3）鼠标的组成及使用方法。

① 鼠标的外形。鼠标的外形如图 1-8 所示。

图 1-8　鼠标

② 鼠标的组成。现在常用的鼠标都为光电鼠标，光电鼠标通常由光学感应器、光学透镜、发光二极管、接口处理器、轻触式按键、滚轮、连线、PS/2 或 USB 接口、外壳等组成。

③ 鼠标的使用。鼠标的使用很简单，在鼠标垫上移动鼠标，可以看到鼠标在屏幕上的移动轨迹。分别点击鼠标的左键和右键，鼠标左键一般用来对鼠标位置进行定位，右键一般用来执行特殊的操作。

（4）BIOS 设置。

① 进入 BIOS 设置。启动计算机，一直按住键盘的 DEL 键，系统就会进入 BIOS 主菜单，如图 1-9 所示。

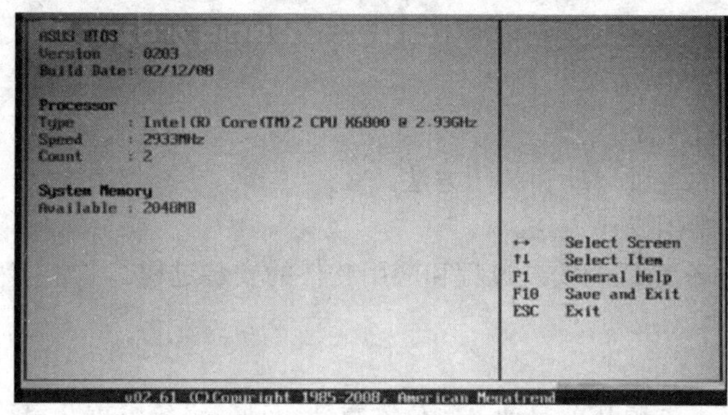

图 1-9　BIOS 设置主菜单

② 查看计算机硬件参数。在 BIOS 页面中，用上下左右箭头来选择 BIOS 参数，按回车可进入各个参数的设置页面，下面简单介绍 BIOS 参数的含义。

- Standard CMOS Features（标准 CMOS 设置）：主要设置 IDE 硬盘的种类，顺利开机，除此之外，还要设置日期、时间、软驱规格、显示卡的种类及系统挂起设置（halt on）。
- Advanced BIOS Features（高级 BIOS 功能设置）：主要设置 CPU 和内存的相关参数。
- Advanced Chipset Features（高级芯片组特性设置）：设置主板所采用的芯片组相关的运行参数。
- Integrated Peripherals（综合外部设备设置）：设置所有外部设备运行的相关参数。
- Power Management Setup（电源管理设置）：设置 CPU、硬盘、显示及省电功能的相关参数。
- PnP/PCI Configurations（即插即用与 PCI 参数设置）：设置即插即用与 PCI 配置的相关参数。
- PC Health Status（电脑健康状态）：显示系统自动检测的电压、温度及风扇转速等相关参数。
- Frequency/Voltage Control（频率和电压控制）：主要设置 CPU 的工作系统与使用电压的相关参数。
- Load Fail-Safe Defaults（载入最安全的缺省值）：载入 BIOS 的 CMOS 设置最安全的缺省值，此设置是比较保守的设置，不是最优化设置，所以将关闭系统的高速设置。

- Load Optmized Defaults（载入高性能缺省值）：加载 BIOS 的 CMOS 默认值。
- Set Password（设置用户密码）：设定用户密码。
- Save&Exit Setup（保存后退出）：保存对 CMOS 的修改，然后退出 Setup 程序。
- Exit Without Saving（不保存退出）：放弃对 CMOS 的修改，然后退出 Setup 程序。

（5）安装 Windows 操作系统。

① 将系统设置成光盘启动。Windows 的安装盘是自启动盘，在安装操作系统前，需要将计算机的启动方式设置为光盘启动方式。进入 BIOS 设置，在 BIOS 主页面下选择“Advanced BIOS Features”—“Boot Sequence”—“CDROM”，保存设置，插入安装光盘，重新开机后选择光盘启动方式启动系统。

② 安装操作系统。按照安装向导进行安装，安装步骤如下：

- 安装程序运行后会出现：安装程序初次启动画面。
- 接下来会出现 Windows 7 的安装画面，一般选择默认状态即可，点击“下一步”，在“我接受许可条款（A）”前面打钩，点击“下一步”进行硬盘分区。
- 选定或创建好分区后，选择要安装系统的磁盘，就会开始自动安装系统。安装成功后会重新启动系统，安装程序会自动运行继续安装系统。
- 安装程序会再次重启，并对主机进行一些检测，此过程完全自动完成。
- 完成检测后，进入用户名、密码、日期和时间的设置，设置完成后，系统会启动，等待一段时间，进入 Windows 桌面，系统安装完成。

（6）安装应用软件。一般来说，安装应用软件有下面几个步骤：

① 双击应用软件的安装文件，打开，按照默认的设置，点击“下一步”。

② 选择安装位置，点击“下一步”。

③ 一直点击“下一步”，选择默认设置，直至安装完成。到此，软件就安装到用户的电脑上了。

练　习　题

一、单项选择题

1. 磁盘的读写单位是________。
   A. 块　　B. 扇区　　C. 簇　　D. 字节
2. 磁盘的主要作用是________。
   A. 存放 FAT 表　　B. 后台运行程序
   C. 存储文件　　D. 备份程序运行的中间结果
3. CPU 包括________。
   A. 运算器和 Cache　　B. 控制器和运算
   C. ROM 和 RAM　　D. 控制器和 Cache
4. 在微型计算机系统组成中，微处理器 CPU、只读存储器 ROM 和随机存储器 RAM3 部分统称为________。
   A. 硬件系统　　B. 硬件核心模块　　C. 微机系统　　D. 主机
5. 微处理器有 3 个重要的性能指标，它们是：时钟频率（主频）、字长和________。
   A. 内存寻址范围　　B. 型号　　C. 生产厂家　　D. 生产日期
6. 显示器的显示分辨率是________好。
   A. 越高越　　B. 越低越　　C. 中等为　　D. 一般为

7. 鼠标是一种________。
A. 输出设备 B. 存储器 C. 运算控制单元 D. 输入设备
8. 计算机的核心是________。
A. 存储器 B. 运算器 C. 控制器 D. CPU
9. 下面________组设备包括输入设备、输出设备和存储设备。
A. CRT、CPU、ROM B. 鼠标器、绘图仪、光盘
C. 磁盘、鼠标器、键盘 D. 磁带、打印机、激光打印机
10. 光驱的倍速越大，则________。
A. 数据传输越快 B. 纠错能力越强
C. 所能读取光盘的容量越大 D. 播放 VCD 效果越好
11. 在计算机中运行某程序时，假如存储容量不够，可以通过________来解决。
A. 增大硬盘容量 B. 把软盘换为硬盘
C. 增加一个扩展存储卡 D. 把磁盘换位光盘
12. 一个完整的计算机系统包括________两大部分。
A. 主机和外部设备 B. 硬件系统和软件系统
C. 硬件系统和操作系统 D. 指令系统和系统软件
13. 计算机之所以能做到运算速度快、自动化程度高是由于________。
A. 设计先进、元器件质量高 B. CPU 速度快、功能强
C. 采用数字化方式表示数据 D. 采取由程序控制计算机运行的工作方式
14. 在计算机系统中，对输入输出设备进行管理的基本程序模块（BIOS）存储在于________。
A. RAM 中 B. ROM 中 C. 硬盘中 D. 寄存器中
15. 能将计算机运行结果以可见的方式向用户展示的部件是________。
A. 存储器 B. 控制器 C. 输入设备 D. 输出设备
16. 显示器是________。
A. 主机的一部分 B. 一种存储器 C. 输入设备 D. 输出设备
17. 下列存储器中，哪一个存取速度最快?
A. 磁带 B. 软磁盘 C. 硬磁盘 D. 光盘
18. 微型计算机不可缺少的输入/输出设备是________。
A. 键盘和显示器 B. 键盘和鼠标器
C. 显示器和打印机 D. 鼠标器和打印机
19. CPU 与其他部件之间传送数据是通过________实现的。
A. 数据总线 B. 地址总线
C. 控制总线 D. 数据、地址和控制总线三者
20. 操作系统的作用之一是________。
A. 把源程序译成目标程序 B. 便于进行数据管理
C. 控制和管理系统资源的使用 D. 实现软硬件的转换

二、多项选择题

1. 下列叙述中，正确的是________。
A. 软盘驱动器既可作为输入设备，也可作为输出设备
B. 操作系统用于管理计算机系统的软、硬件资源
C. 键盘上功能键表示的功能是由计算机硬件确定的

D. PC 机开机时应先接通外部设备电源，后接通主机电源

2. 以下属于输出设备的有________。

A. 显示器　　B. 鼠标　　C. CD-ROM　　D. 硬盘

3. BIOS 的芯片类型主要分为 PROM、________和 FLASH ROM。

A. EEPROM　　B. PRAM　　C. EPROM　　D. FLASH RAM

4. 以下外设中，既可作为输入设备又可作为输出设备的是________。

A. 打印机　　B. 磁盘驱动器

C. 带有触摸屏的显示器　　D. 硬盘

5. 关于随机存取存储器（RAM）和只读存储器（ROM），下列说法中正确的是________。

A. RAM 中的信息既允许写入也允许读出

B. 微机主机断电后，ROM 中的信息将丢失

C. 微机主机断电后，RAM 中的信息将丢失

D. ROM 的容量比 RAM 大

6. 下列存储部件中，在断电情况下存储内容不会丢失的有________。

A. RAM　　B. 软盘　　C. 硬盘　　D. ROM

7. 下列软件中属于应用软件的有________。

A. NUIX　　B. Word　　C. 汇编程序　　D. C 语言源程序

8. 标准键盘一般分为功能键区、主键盘区、________4 个键区。

A. 数字键区　　B. 小键盘区　　C. 字母键区　　D. 光标控制键区

9. 操作系统是________和________的接口。

A. 用户　　B. 计算机　　C. 软件　　D. 外设

10. 硬盘工作时应特别注意避免________。

A. 高温　　B. 震动　　C. 噪声　　D. 潮湿

三、填空题

1. CPU 是计算机的核心部件，该部件主要由控制器和________组成。

2. 微型计算机中最大、最重要的一块集成电路板称为________。

3. 操作系统有五大功能模块，它们是________管理、设备管理、存储管理、文件管理和作业管理。

四、判断题

1. 磁盘的工作受磁盘控制器的控制，而不受主机的控制。

2. 操作系统的存储管理是指对磁盘存储器的管理。

3. 计算机的性能指标完全由 CPU 决定。

4. 键盘是输入设备，但显示器上所显示的内容既有计算机运行的结果也有用户从键盘输入的内容，所以显示器既是输入设备又是输出设备。

5. DVD 是一种输出设备。

6. 主频（或称时钟频率）是影响微机运算速度的重要因素之一。主频越高，运算速度越快。

7. 计算机的显示系统包括显示器和显示适配器两部分。

8. 磁盘既可作为输入设备，又可作为输出设备。

9. 各种存储器的性能可以用存储时间、存储周期、存储容量 3 个指标表述。

10. 计算机区别于计算器的本质特点是能存储数据和程序。

第 2 章 Windows 操作系统

实验 2.1　Windows 基本操作

2.1.1　实验目的

（1）熟悉 Windows 的桌面并掌握常用桌面图标的操作。

（2）设置任务栏与“开始”菜单。

2.1.2　实验内容

（1）查看 Windows 系统的桌面、桌面上常见的图标。

（2）练习桌面图标的整理（排列图标、删除图标）。

（3）查看“开始”菜单的常用选项及其功能。

（4）设置开机自启动软件。

（5）掌握任务栏的设置、移动、隐藏等操作。

2.1.3　实验步骤

本实验以 Windows 7 为例介绍 Windows 操作系统的常用操作。

（1）Windows 7 的桌面。

① Windows 7 的默认桌面。Windows 7 的初始化桌面上只有一个“回收站”图标，用户所有的操作都需要通过“开始”菜单来完成。

② 认识桌面图标。

- “计算机”图标。通过“计算机”可以管理所有磁盘、文件、文件夹等内容。
- “回收站”图标。Windows 在删除文件和文件夹时并不从硬盘上删除，而是暂时保存在“回收站”文件夹中，当发现误删了某个文件时，还可以通过“回收站”进行还原，如果对“回收站”中文件进行删除或清空操作后，该文件就被彻底删除而无法还原了。
- “Internet Explorer”图标。双击该图标，可以迅速启动 Internet Explorer 浏览器。

③ 管理桌面图标。右击桌面空白处—“查看”—可以选择大、中、小三种查看方式，在“排序方式”下，可将桌面图标设置为按照名称、大小、项目类型、修改日期排列。

注意： 若选择了“自动排列图标”选项，则用户就不可以通过鼠标拖动把图标放置在任意地方。

④ 创建快捷方式。在计算机的“Windows\System32”目录下找到 mspaint. exe 文件，点击鼠标右键，在弹出菜单中选定：发送到—“桌面快捷方式”选项，可以看到在桌面上创建了一个画图软件的快捷方式。

在桌面空白处点击鼠标右键，在弹出菜单中选定“新建”—“快捷方式”选项，打开创建快捷方式对话框（如图 2-1），点击“浏览”按钮找到 mspaint.exe 文件，点击“下一步”后，输入一个快捷方式名称，点击“完成”即可完成画图软件快捷方式的创建。

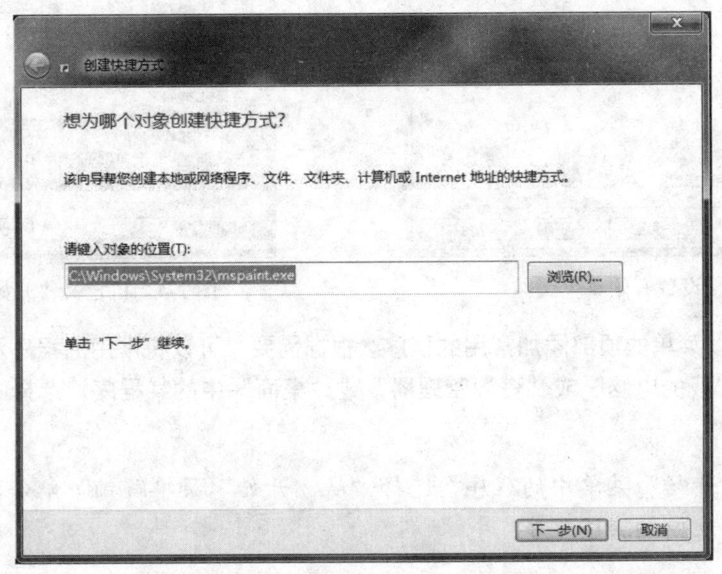

图 2-1　创建快捷方式对话框

（2）“开始”菜单。

① “开始”菜单的组成。Windows 7 的“开始”菜单由 5 部分组成，如图 2-2 所示。

- 顶部：显示当前登录的用户名和图标。
- 左侧：显示最常用的程序列表。其中分隔线上方是“固定项目列表”，分隔线下方是用户最常用的程序列表。
- 右侧：是常规的系统菜单区域。
- 左下方：有一个“所有程序”菜单项，包含了计算机中已经安装的所有应用程序，其下面是一个搜索框，可以搜索程序和文件。
- 下部：是用户注销和关闭计算机的区域。

② 设置“开始”菜单风格。下面介绍自定义 Windows 7 默认风格“开始”菜单的方法。

- 控制“开始”菜单中显示的项目

右键单击“开始”—“属性”，选择“开始菜单”选项卡，如图 2-3 所示，单击“自定义”按钮，打开“自定义‘开始’菜单”对话框，如图 2-4 所示，可以对“开始”菜单上的链接、图标以及菜单的外观等进行设置。

图 2-2　开始菜单

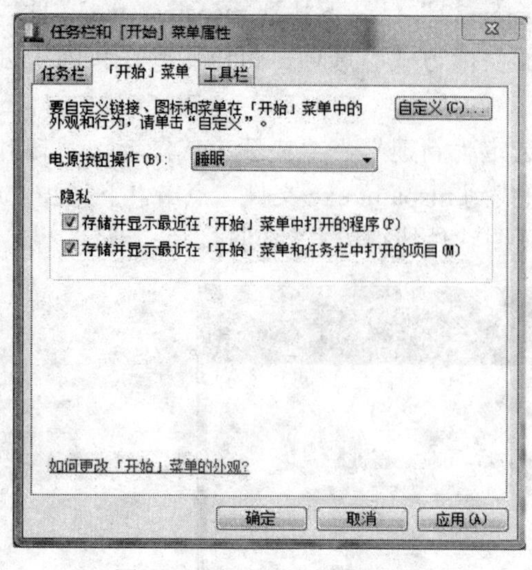

图 2-3　设置开始菜单属性

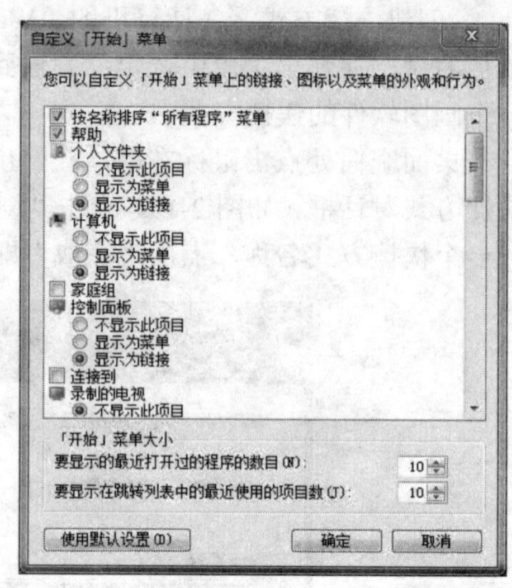

图 2-4　自定义"开始"菜单

- 向"开始"菜单的顶部添加常用的程序。根据需要，可以将常用的程序添加到固定项目列表中，右键单击"我的电脑"或"资源管理器"或"桌面"中的某程序，选择"附到'开始'菜单"命令即可。

提示: 右击"开始"菜单中的程序，选择"从'开始'菜单解锁"命令，可以从固定项目列表中删除该程序。

（3）任务栏。

① 任务栏的组成。任务栏通常在桌面的最底部，任务栏的组成如下：

- "开始"菜单。
- "快速启动"工具栏。

单击"快速启动"工具栏中的某个图标就可启动该图标所代表的程序。用户可删除或添加快速启动按钮。

添加：右击桌面或文件夹窗口的某程序图标，单击"锁定到任务栏"即可。

删除：右击某按钮选择"将此程序从任务栏解锁"即可。

- 最小化窗口按钮栏

激活某窗口，只要单击代表相应窗口的按钮即可。

- 输入法指示器

可帮助用户快速选择自己需要的输入法。

- 通知区域

显示时钟指示器、声音指示器和计算机软硬件信息等。

② 自定义任务栏。右击任务栏空白处，在弹出菜单中选定"属性"项，弹出"任务栏和'开始'菜单属性"设置对话框（见图 2-5），选择"任务栏"选项卡，即可进行任务栏设置。

"锁定任务栏"复选框，将保持现有任务栏的位置和外观，避免意外改动。

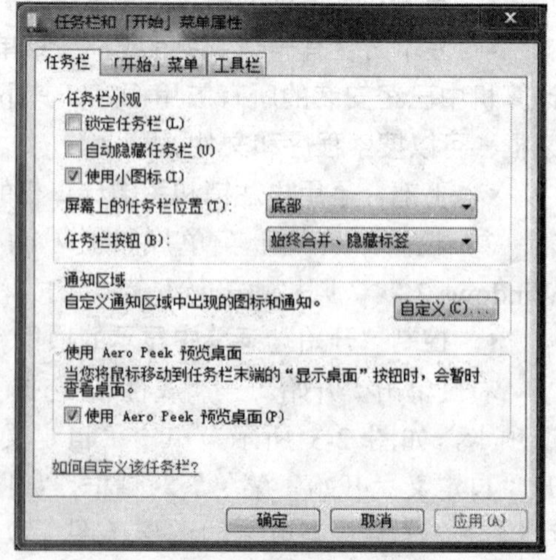

图 2-5　设置任务栏

“自动隐藏任务栏”复选框，当任务栏处于不用状态时，将自动隐藏起来；当鼠标指向屏幕下方时，又会重新显示。

“使用小图标”复选框，可以将图标改为小图标。

“分组相似任务栏按钮”复选框，将同一个应用程序的若干窗口进行组合管理。

“任务栏位置”单选框，可以将任务栏改为侧部或上部。

“任务栏按钮”单选框，可以更改任务栏按钮合并方式。

“自定义”按钮，将打开“自定义通知”对话框。在此，用户可自定义任务栏右侧图标的显示方式。

改变图 2-5 中各选项的设置，查看任务栏的变化。

③ 改变任务栏的位置。将任务栏的“锁定任务栏”选项取消设置。

向上拖动任务栏的上缘可以看到任务栏变高，然后再将任务栏恢复到原来的宽度。

用鼠标拖动可以将任务栏移动到桌面的任何一个边上。

将鼠标移动到任务栏的左右两个边缘位置，可以看到鼠标形状改变为左右箭头状态，拖动鼠标可以改变任务栏的宽度。

（4）设置开机自启动软件。按“Windows”键+R 键调出“运行”对话框，如图 2-6，输入 msconfig 回车，弹出窗口如图 2-7 所示。

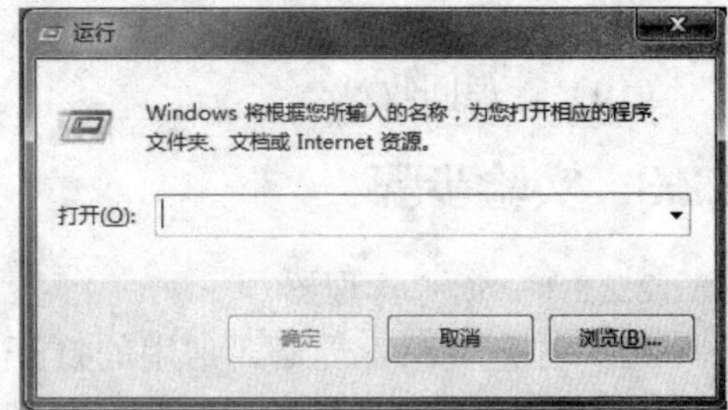

图 2-6　“运行”对话框

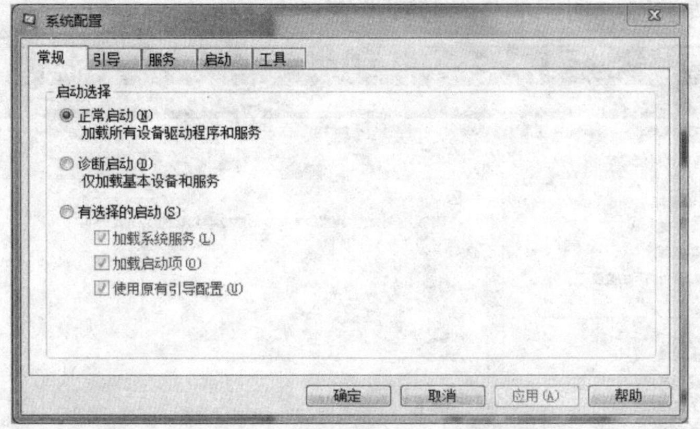

图 2-7　设置系统配置

在弹出的“系统配置”对话框中选择“启动”选项卡，在启动项目中选中需要设为开机自启动的程序，点击确定即可。

实验 2.2　Windows 资源管理器

2.2.1　实验目的

（1）了解资源管理器的组成。

（2）掌握对文件和文件夹的操作。

（3）掌握外存储器的操作。

（4）掌握文件及文件夹加密与隐藏的操作方法。

2.2.2 实验内容

（1）认识资源管理器的组成。

（2）展开和折叠文件夹。

（3）建立一个新的文件夹。

（4）设置文件或文件夹的属性。

（5）加密文件或文件夹。

（6）掌握文件或文件夹的复制、移动、删除、改名等操作。

（7）搜索文件或文件夹。

（8）格式化磁盘。

（9）使用优盘。

（10）管理回收站。

2.2.3 实验步骤

2.2.3.1 资源管理器

（1）打开资源管理器。常用的打开资源管理器的方法有：

① 单击“开始”菜单—“所有程序”—“附件”—“Windows 资源管理器”打开资源管理器。

② 在桌面上右键单击“开始”按钮，并在弹出菜单中选择“打开 Windows 资源管理器”命令，就可以打开如图 2-8 所示的资源管理器窗口。

图 2-8 资源管理器

窗口左侧为导航窗格，该窗格以树状结构显示系统中的所有文件，单击驱动器或文件夹前的透明小三角符号，可以展开其所包含的子文件夹。窗口右侧为对象列表，用于显示当前文件夹中的内容。

（2）库。“库”是用户经常使用的一个默认文件夹，它常常作为其他应用程序或软件默认的临时文件存储位置。“库”中包含了四个子文件夹：“视频”、“图片”、“文档”和“音乐”。

（3）文档隐藏。文件和文件夹保密是很重要的，如果不希望其他用户执行查看、修改等操作，那就需要对文件和文件夹的安全进行设置。

① 计算机中不希望其他人看到的文件可以进行隐藏。右击准备隐藏的文件或文件夹，在弹出的快捷菜单中选择的“属性”命令，如图 2-9 所示。

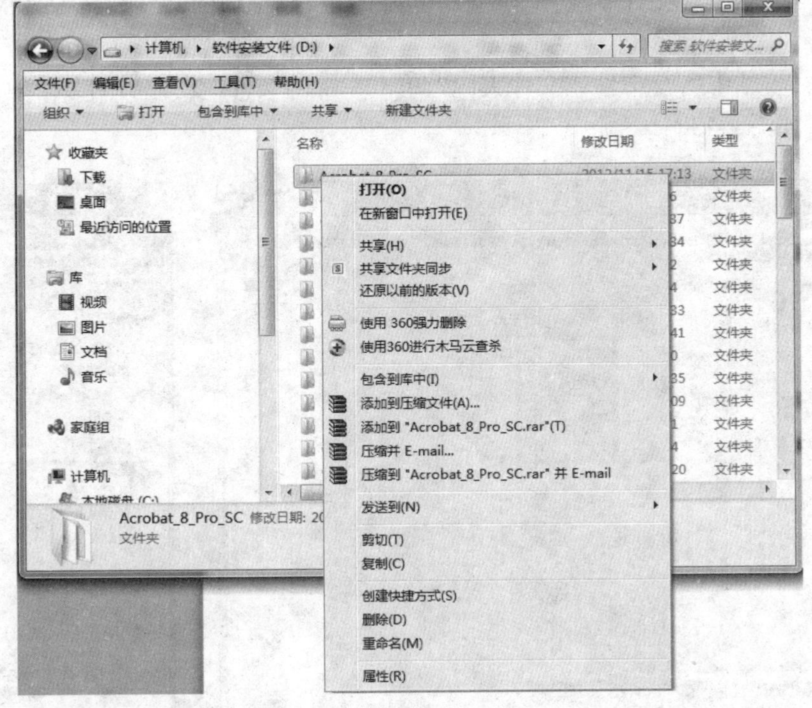

图 2-9

② 在弹出的“属性”对话框的“常规”选项卡的属性区域中，选中“隐藏”复选框，单击“确定”按钮，如图 2-10 所示。

③ 在弹出的“确认属性更改”对话框中，选中“将更改应用于此文件夹、子文件夹和文件”单选按钮，单击“确定”按钮，如图 2-11 所示。

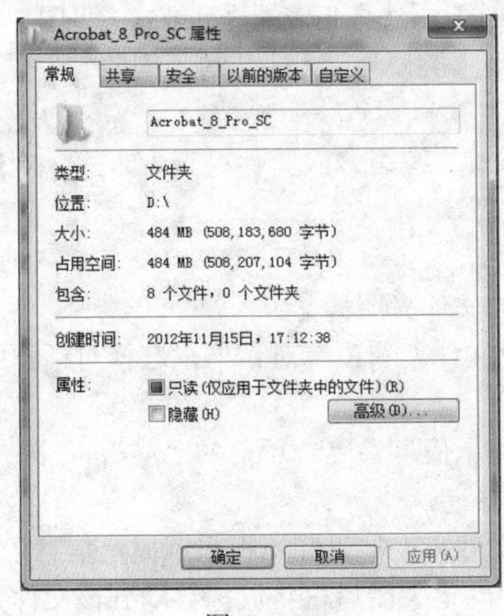

图 2-10

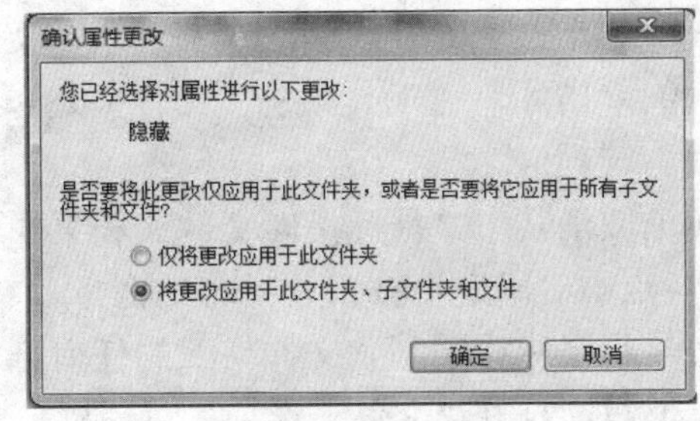

图 2-11

（4）回收站。

① 打开窗口方式。双击桌面上“回收站”图标。

② 从回收站中还原被删除的文件或文件夹。选定要还原的内容，单击左上方“文件”—“还原”，就可将该项目还原。

③ 删除回收站中的文件或文件夹。直接删除即可。删除后的文件或文件夹将不能被还原，如图 2-12。

④ 删除回收站中所有文件或文件夹。先单击左上的文件，在弹出的菜单中选择“清空回收站”命令，如图 2-13。

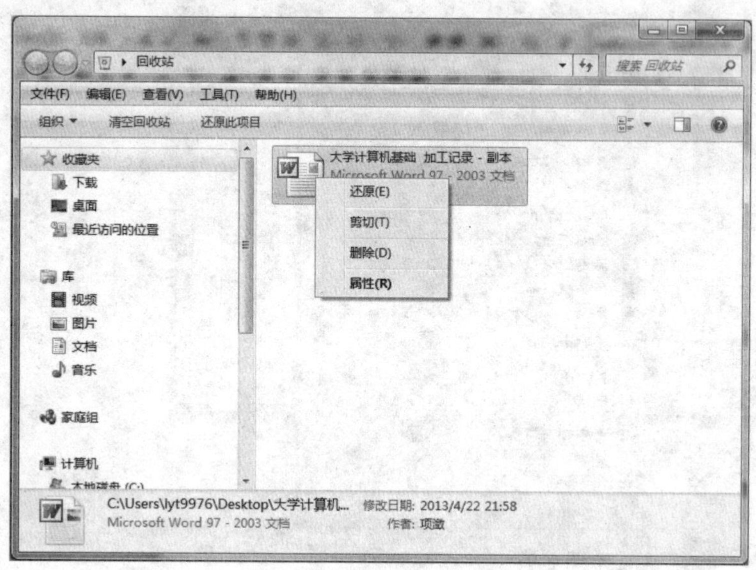

图 2-12

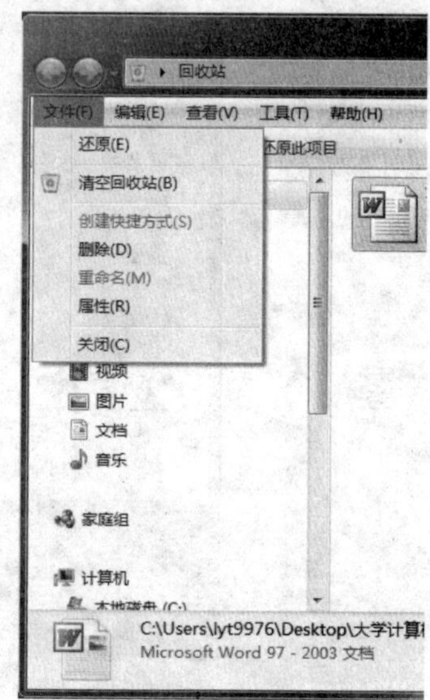

图 2-13

2.2.3.2　浏览文件和文件夹

在“我的电脑”和“资源管理器”中，用户可选择文件和文件夹的图标排列方式及查看方式。

（1）图标排列方式。单击“查看”菜单—“排序方式”—选择相应的排列方式（见图 2-14）。请练习将某个文件夹下的文件按“名称”、“修改日期”、“类型”、“大小”等不同的方式排列，观察文件显示方式的变化。

（2）查看方式。单击“查看”菜单，选择排列方式。练习修改文件的查看方式，观察图标排列的不同。

（3）显示方式。

① 选定一个磁盘图标，或者是一个文件比较多的文件夹图标。

② 单击菜单“工具”—“文件夹选项”，弹出“文件夹选项”对话框，选择对话框中的“查看”选项卡。

③ 取消其中“鼠标指向文件夹和桌面项时显示提示信息”复选项前的“√”，如图 2-15 所示，点击“确定”按钮关闭对话框。

④ 将鼠标移动到该文件夹下的任何一个文件或文件夹上，已经不再显示提示信息了。

⑤ 再次打开“文件夹选项”对话框，恢复设定，确定关闭后再将鼠标移动到该文件夹的任何一个文件或文件夹上，则重新显示了提示信息。

图 2-14

2.2.3.3　文件和文件夹的常用操作

（1）创建新的文件夹。在 C 盘下创建一个“student”目录：在资源管理器左侧的文件夹中选定 C 盘，在资源管理器右侧空白处点击鼠标右键，选择“新建”—“文件夹”选项可以创建一个新的文件夹（如图 2-16），输入文件夹名“student”。

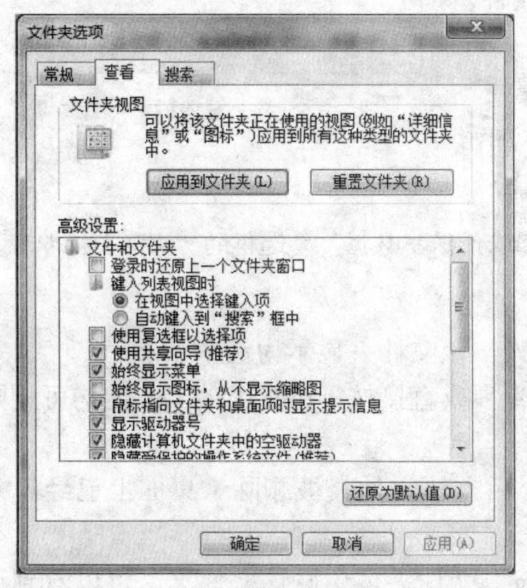

图 2-15

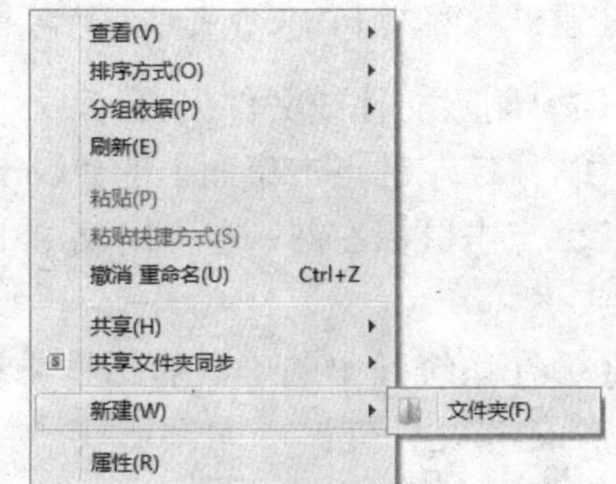

图 2-16　新建文件夹

（2）复制文件及文件夹。

① 在资源管理器的左窗口中选定一个文件夹，点击鼠标右键，在弹出菜单中选择“复制”项，将该文件夹的内容存入剪贴板。

② 打开刚建立的“student”文件夹，在右侧空白处点击鼠标右键，在弹出菜单中选定“粘贴”项，将剪贴板上的文件夹粘贴到当前的文件夹中。

（3）移动文件及文件夹。

① 在资源管理器的左窗口中选定“student”文件夹，点击鼠标右键，在弹出菜单中选择“剪切”项，将该文件夹的内容存入剪贴板。

② 在桌面空白处点击鼠标右键，在弹出菜单中选定“粘贴”项，将剪贴板上的文件夹粘贴到桌面上。

（4）重命名文件和文件夹。

① 选定桌面上“student”文件夹，鼠标左键点击文件夹的名字，该名字进入编辑状态。

② 将文件夹名修改为“computer”，回车后重命名了该文件夹。

注意： 如果修改文件的名称，建议不要改动文件的扩展名，否则可能造成该文件不能正常使用。

（5）设置文件和文件夹的属性。鼠标右键点击桌面上的“computer”文件夹，在弹出菜单项中选定“属性”项，打开文件夹属性设置对话框（见图 2-17）。

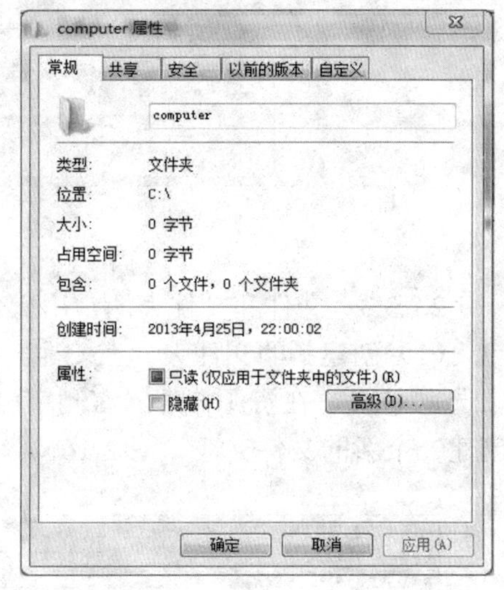

图 2-17

① “常规”选项卡：可以查看文件或文件夹的类型、位置、大小、所占用空间等属性，可以设置文件或文件夹为“只读”或“隐藏”。

② “共享”选项卡：可以设置与本地或网络中的其他用户共享此文件夹。

完成设置后，单击“确定”按钮保存设置。

（6）加密文件或文件夹。在 Windows 7 中，可以为文件或文件夹加密，以防止他人修改或查看保密文件。加密方法如下：

① 选择桌面上“student”文件夹，右键选择“属性”。

② 在“常规”选项卡里选择“高级”，选择“加密内容以便保护数据”复选框。点击“确定”完成加密。

注意： 解密文件或文件夹时，只需要将“加密内容以便保护数据”复选框的“√”去掉即可。

（7）删除文件或文件夹。

① 鼠标左键点击桌面上的“computer”文件夹，该文件夹显示为选中状态。

② 点击鼠标右键，在弹出菜单中选择“删除”项或直接按下键盘上的 Del 键均可删除该文件夹。

③ 在系统弹出的确认对话框中选择“确定”后，该文件夹被删除。桌面上已经没有了“computer”文件夹。

④ 打开“回收站”，找到刚删除的“computer”文件夹，还原该文件夹，可以看到该文件夹又在桌面上出现了。

技巧： 用户要永久删除文件或文件夹，只需在上述方法选择“删除”时按住 Shift 键即可。但此种删除后该文件或文件夹不可恢复。

（8）搜索文件或文件夹。

①“开始”菜单中的搜索框。单击桌面左下角的圆形 Windows 徽标按钮，或按下键盘上的 Windows 徽标键，即可打开“开始”菜单，在“开始”菜单左下角，用于输入文字的地方

就是开始菜单的搜索框（见图 2-18）。

② 在这个搜索框中，不仅可以搜索硬盘上的文件，而且可以搜索安装的程序，以及浏览器的历史记录。几乎用户日常使用计算机的所有痕迹都可以在这里找到。

2.2.3.4　格式化磁盘

（1）什么是格式化磁盘。格式化磁盘是 Windows 操作系统对磁盘进行加工的一种操作，其目的是把磁盘划分成 Windows 操作系统能够对磁盘进行管理的格式，从而满足系统特定要求。磁盘一旦格式化，原有的内容将不复存在。

（2）格式化磁盘。用鼠标右键点击磁盘的盘符，在弹出菜单中选择“格式化”选项，打开格式化磁盘对话框，选定文件系统的类型、分配单元大小，通常可以选择“快速格式化”，点击“开始”按钮后格式化磁盘（见图 2-19）。

说明：格式化软盘和硬盘的方法基本相同，只是设置上有所不同。

图 2-18

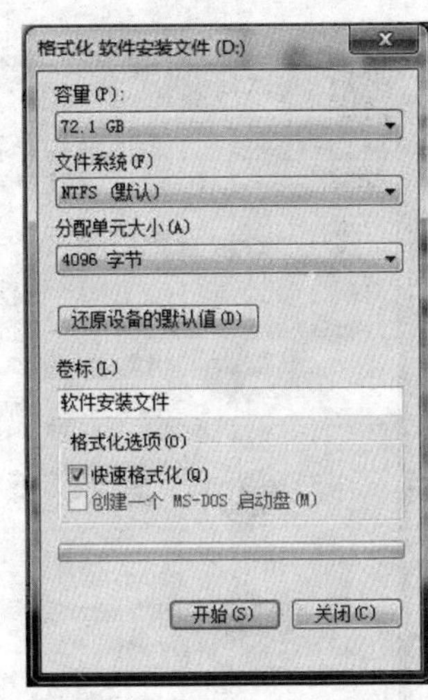

图 2-19

2.2.3.5　使用优盘

优盘的插入和拔出。优盘是一个可移动存储介质。可以把它插入用户的电脑 USB 接口，可以在任务栏上看到优盘的图标，鼠标悬停在该图标上，会显示“拔下或插入硬件”，在资源管理器中“可移动磁盘”的图标就是指优盘。优盘的使用方法和其他硬盘相同。优盘在使用过以后，不能直接拔除，否则有可能损坏数据。要右击电脑右下角的优盘图标，选择停用该设备，然后再安全拔除。

实验 2.3　Windows 控制面板

2.3.1　实验目的

熟悉控制面板中各种设置方式。

2.3.2 实验内容

（1）打开控制面板。

（2）查看计算机性能。

（3）设置日期和时间。

（4）设置操作提示音。

（5）设置显示。

（6）添加/删除程序。

2.3.3 实验步骤

控制面板是 Windows 中的一个系统工具，一般用户都通过它对 Windows 做一些重要系统设置。

（1）打开控制面板。单击 Windows 开始按钮，选择“控制面板”，打开控制面板。在 Windows 7 中控制面板的图标可以以分类视图查看（见图 2-20），这样方便了用户按主题进行设置。

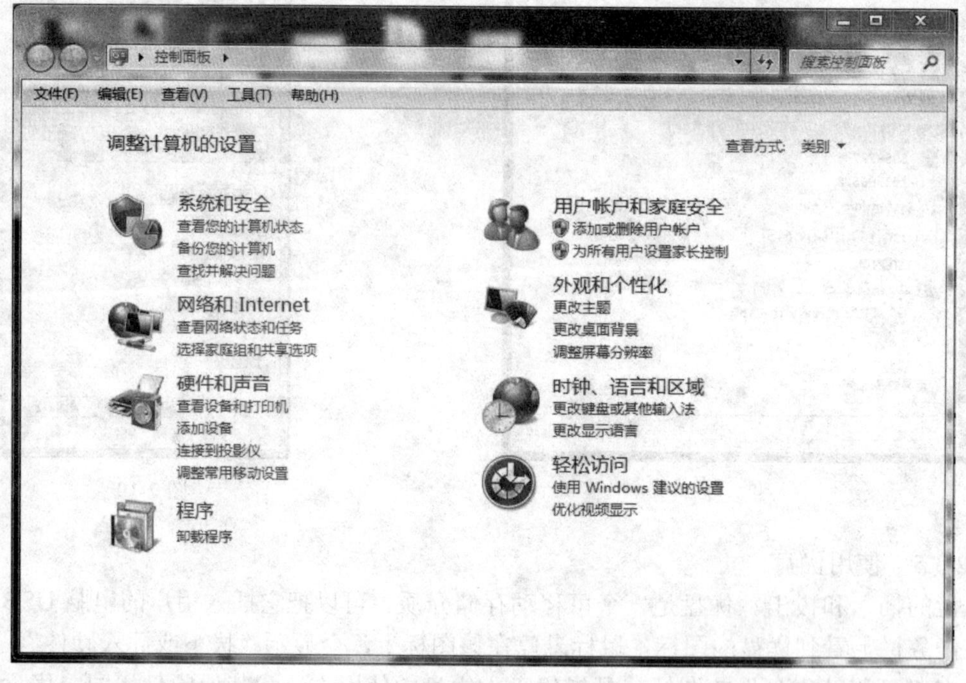

图 2-20

（2）查看计算机性能。通过“系统和安全”，可以查看并设置系统的大部分软硬件信息，在这个程序中可以设定大部分与计算机相关的控制选项，可以说“系统和安全”是控制面板中最重要的图标。单击“系统和安全”，用户可以对计算机的配置信息（见图 2-21）进行设置。

① 操作中心。用户可以检查计算机状态，对病毒防护进行设置，也可以进行 Windows 系统的备份。更改用户账户控制，用户可以选择何时通知您有关计算机更改的消息，如图 2-22。

② Windows 防火墙。用户可以检查防火墙状态也可以允许程序通过 Windows 防火墙。

图 2-21

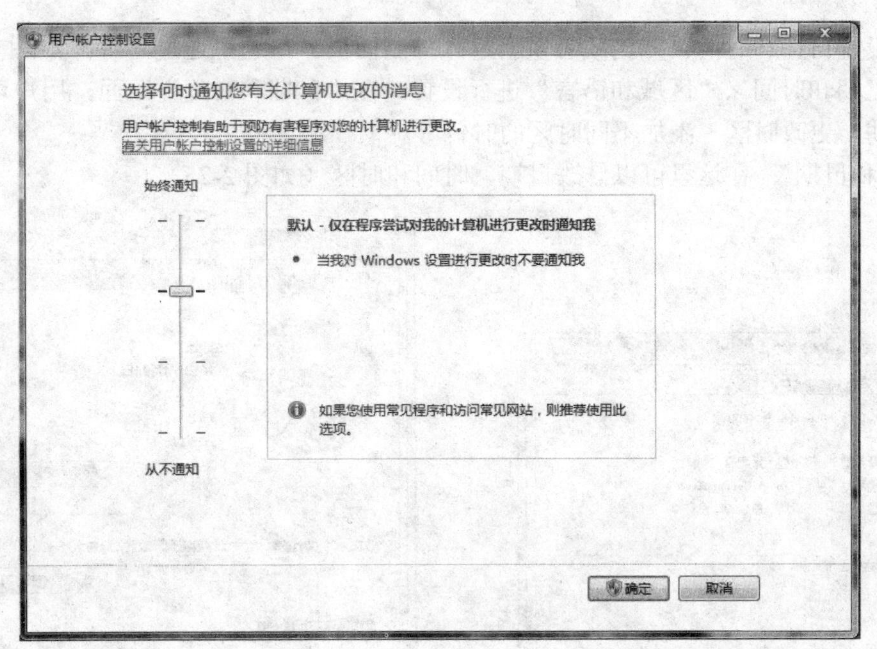

图 2-22

③ 设备管理器。单击“设备管理器”，将会出现一个窗口，列出计算机中所有的硬件，包括磁盘驱动器、监视器、网卡、网络适配器等，所有设备按目录排列（见图 2-23）。

要查看设备目录下面的设备，单击目录左边的“+”号，目录扩展开来并显示出相关的设备。如果某设备旁边有黄色警告标志，则表示它是一个问题设备，不能正常工作。可以记录下这些设备的问题，然后告诉技术支持人员或者在在线求助论坛中寻求帮助，最直接的解决方法是尝试重新安装该设备的驱动程序。鼠标右键单击，可以查看设备属性，如图 2-24。

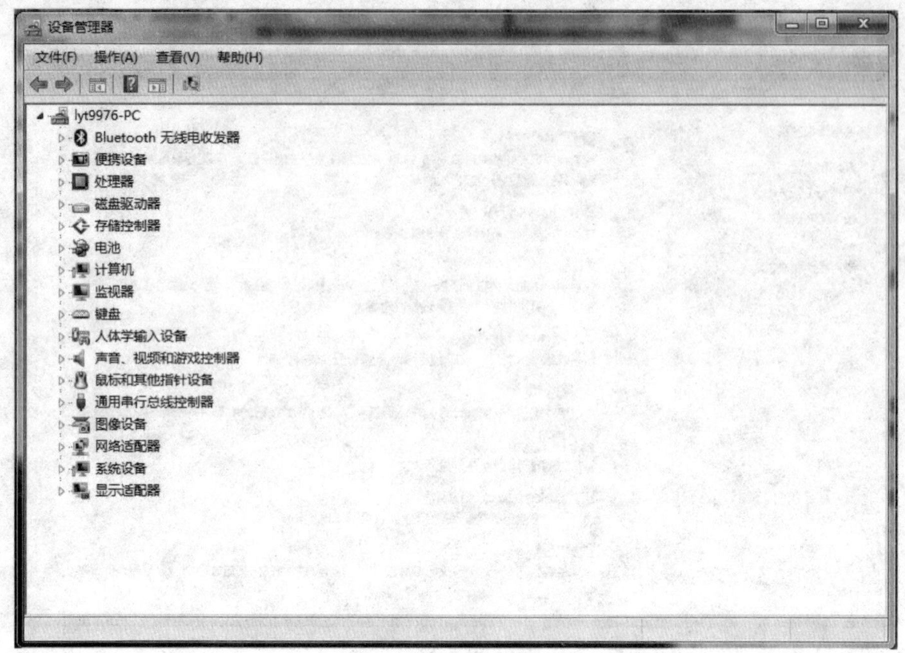

图 2-23

（3）设置日期和时间。回到或者重新进入控制面板。在这里通过“时钟、语言和区域”可以对“日期和时间”、“区域和语言”进行设置。在“日期和时间”下面，用户可以：设置时间和日期、更改时区、添加不同时区的时钟等。

“时间和日期”：在这里可以修改日期、时间和时区（如图 2-25）。

图 2-24　显示适配器属性

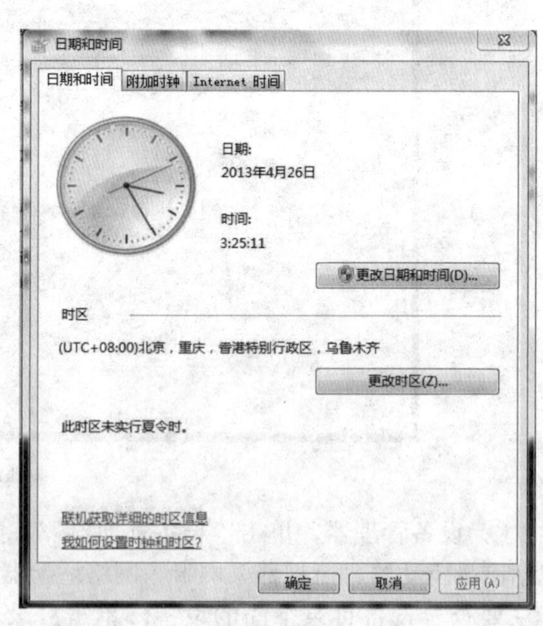

图 2-25

（4）设置操作提示音。回到或者重新进入“控制面板”，单击“硬件和声音”，用户可对“设备和打印机”、“声音”、“显示”等项进行设置。单击“声音”下的“更改系统声音”就进入了系统声音设置界面，如图 2-26 所示。

在“声音方案”中，可以通过下拉条选中一个保存的声音方案，它包括了一系列的声音设置，同样，也可以在“程序事件”中选中想设置的事件，自己编辑更改当该事件出现时系统应该发出的声音，如果该事件前面有个音量控制图标，表示该事件已经被设置了声音方案。选中该方案，“声音”下面将显示出该声音的名字，同时“测试”按钮和“浏览”按钮将变为可用（如图 2-27）。

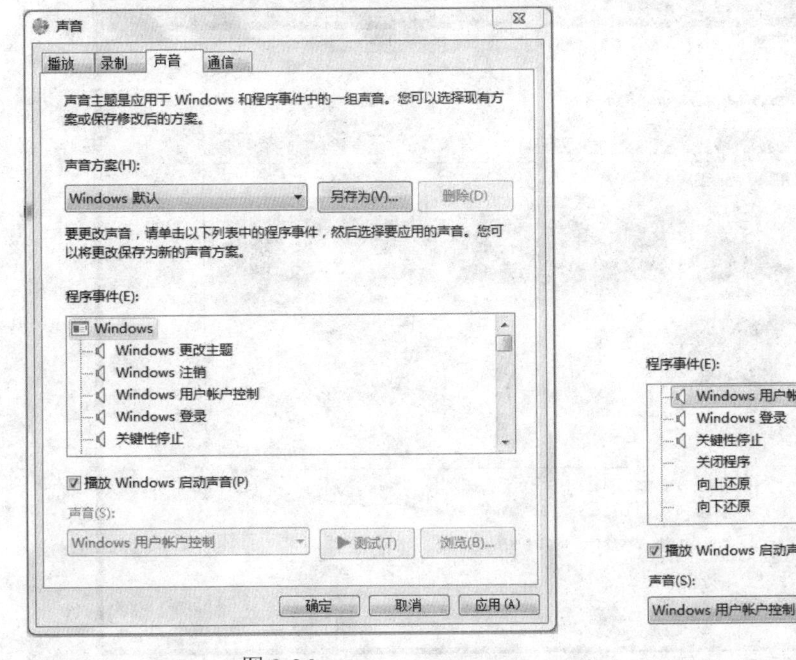

图 2-26

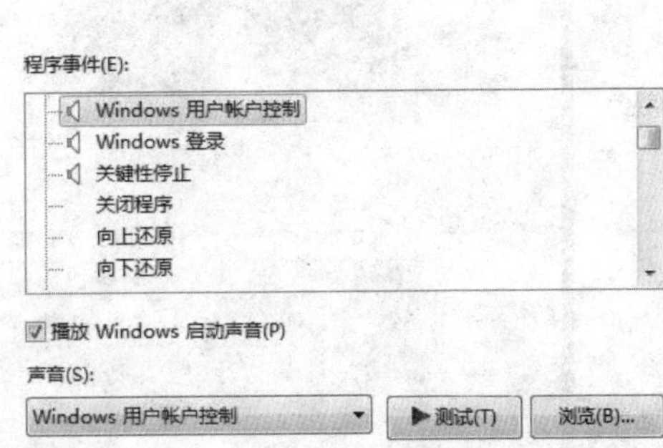

图 2-27

当设置完成后，单击“确定”按钮即可以保存设置，并且退出。

（5）外观和个性化。在控制面板的“外观和个性化”下，可以对系统的“显示”、“桌面小工具”、“文件夹选项”等项进行设置。单击“外观和个性化”下的“个性化”，可以对计算机上的视觉效果和声音进行更改，如图 2-28 所示。默认界面为主题修改，单击某个主题即可应用。

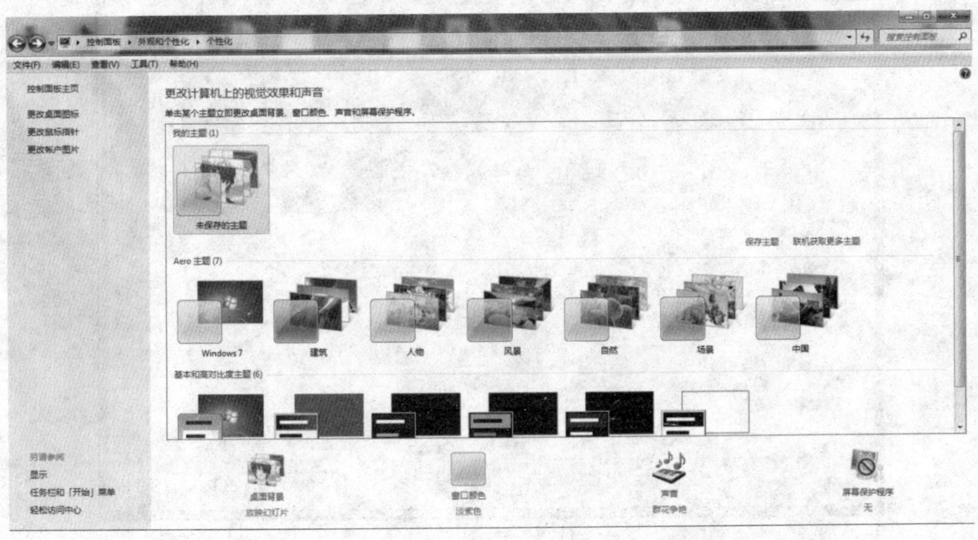

图 2-28

① 第一项为“桌面背景”，用户可以单击某个图片使其成为桌面背景，也可以选择多个图片创建一个幻灯片。“图片位置”可以选择：填充、适应、拉伸、平铺、居中 5 种方式。如果选择多张图片构成幻灯片也可以更改图片时间间隔，如图 2-29 所示。

图 2-29

② 第二项为“窗口颜色”，用户可以更改窗口边框、“开始”菜单和任务栏颜色，如图 2-30 所示。

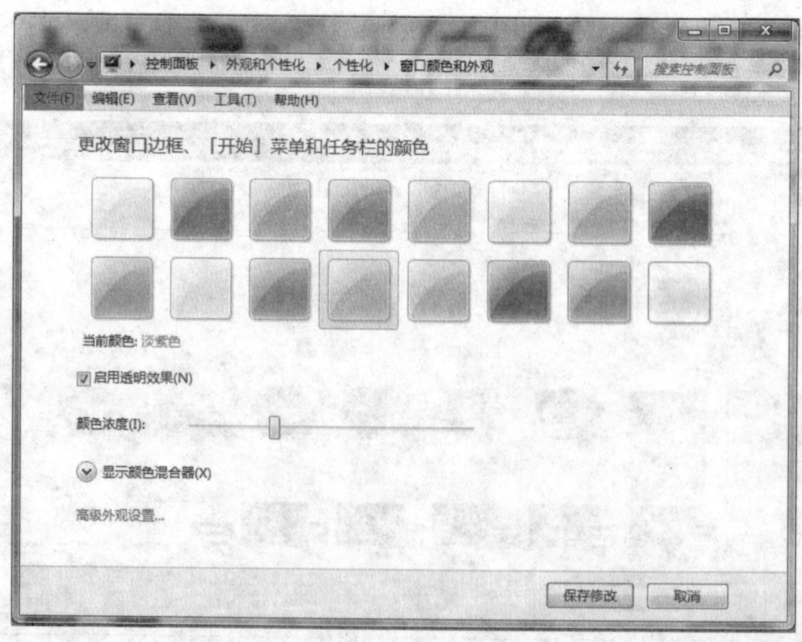

图 2-30

③ 第三项为“声音”，用户可以对系统声音进行设置，上文已经进行介绍。

④ 第四项为“屏幕保护程序”，单击即可弹出“屏幕保护程序”对话框，可以从下拉列表中选择一个，并且设定等待时间。如果系统在设定的时间内没有进行操作将进入屏幕保护状态。点击电源按钮可以改变电源管理选项，例如多长时间后关闭显示器。这些对笔记本用户更加有用，对有环境保护意识的人同样很方便。

（6）程序。用户可以通过“程序”达到对程序的管理。通常情况下，要安装一个新软件，只需要插入程序光盘，然后等待安装程序自动运行。单击“程序和功能”可以查看用户安装在计算机上的程序，如图 2-31 所示。

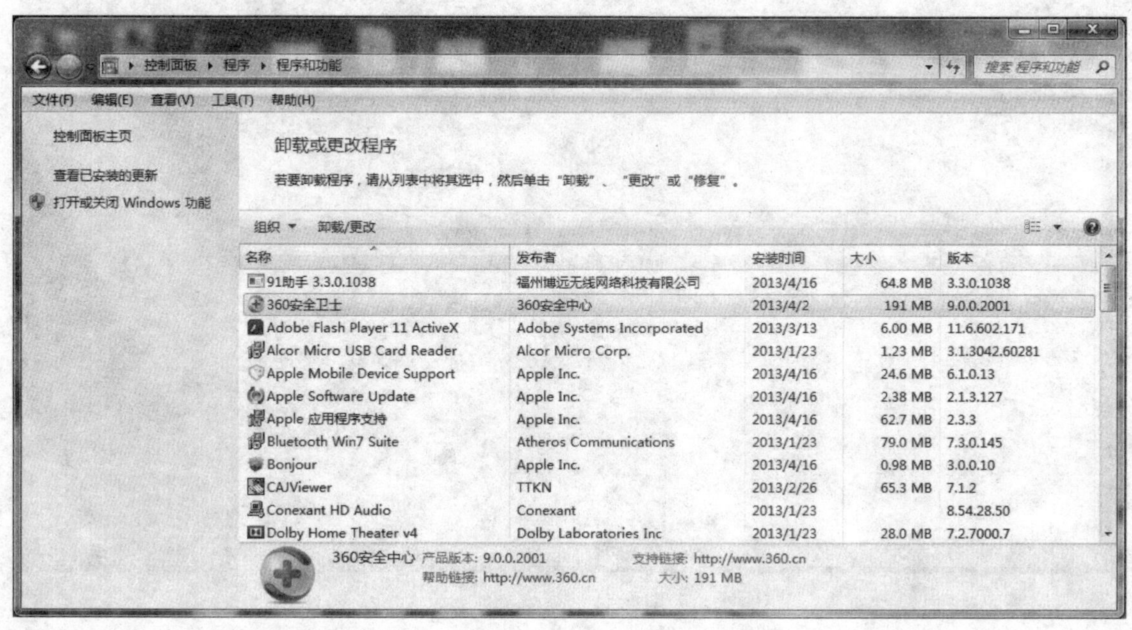

图 2-31　程序和功能

在程序列表中，右键单击某个程序，选择“卸载”来删除程序，这时一般会弹出一个对话框，引导用户卸载程序。

注意：一些用户程序（以及大多数游戏程序）卸载时会删除安装时产生的数据和设置文件，如收藏的 Web 站点，如果用户希望保存这些数据，需在卸载前做好备份。

实验 2.4　Windows 常用工具

2.4.1　实验目的

掌握 Windows 系统提供的常用工具软件，包括：画图软件、记事本、写字板、计算器、执行 DOS 命令和常用系统工具等。

2.4.2　实验内容

掌握常用系统工具的使用（如磁盘清理程序、磁盘扫描程序、磁盘碎片整理程序）。

2.4.3 实验步骤

（1）“画图”的使用。“画图”是个应用程序，可以绘制黑白或者彩色的图画，并可以存为位图文件。可以打印绘图，将它作为桌面背景，或者粘贴到另一个文档中，还可以查看和编辑扫描的相片。单击“开始”—“所有程序”—“附件”—“画图”，打开“无标题-画图”对话框，如图 2-32 所示。

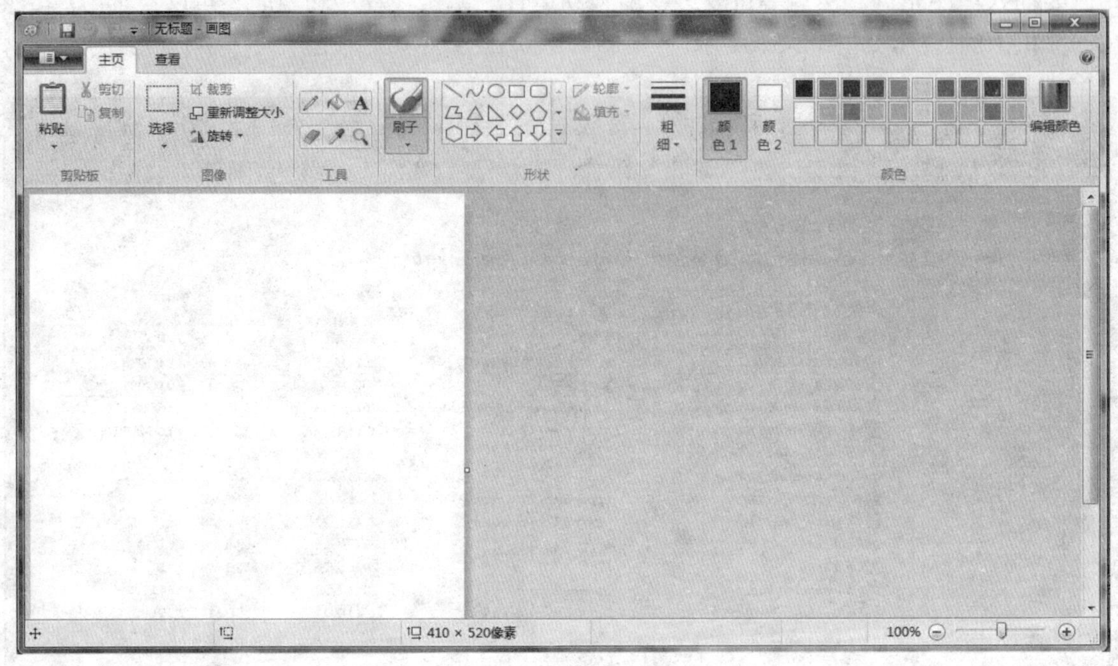

图 2-32　画图软件

启动“画图”后，屏幕右边的一大片白色是画布，上边是工具箱和颜料箱。在工具箱中选中铅笔，然后在画布上拖曳鼠标，就可以画出线条，还可以在颜料盒上选择其他颜色画图。同样，“画图”还提供以下几种工具：

- 刷子工具，它不像铅笔只有一种粗细，而是可以选择笔尖大小和形状。在刷子工具下，列出可供选择的多种笔尖形状。
- 橡皮工具，橡皮工具选定后，可以用左键或右键进行擦除，这两种擦除方法适用于不同的情况。左键擦除是把画图上的图像擦除，并用背景色填充经过的区域。
- 颜料填充工具，可以把一个封闭区域内都填上某种颜色。
- 文字工具，在画面上拖曳出写字的范围，既可输入文字，可以选择字体、字号和形状，还可以选择不同的工具画直线或曲线或多边形。

（2）“记事本”工具的使用。记事本是 Windows 中附带的用于文字编辑的小工具。相对于微软的 Word 来说，记事本只有新建、保存、打印、查找、替换这几个功能。但是记事本却拥有一个 Word 不可能拥有的优点——打开速度快，文件小。用户可以通过打开一个记事本文件或者新建一个 txt 文件来打开记事本。

记事本有一个不可取代的功能——可以保存无格式文件。用户可以把记事本编辑的文件保存为“.html”，“.java”，“.asp”等任意格式。这使得记事本又找到了一个新的用途——作为程序语言的编辑器。翻开任何一本介绍编程语言的入门教材，其中都会建议学生在记事本中编写源程序。

（3）写字板的使用。相对于记事本而言，写字板的功能要强大很多，写字板具有字体选择、字体颜色设置、文本格式设置、对象插入、打印页面设置以及打印预览功能。对于一般的文本编辑来说，写字板提供的功能已经足够了。

写字板的文本格式编辑功能这里就不重点介绍了，可以从关于 Word 的章节中了解到，下面主要看看它的对象插入功能。选中菜单栏“主页”—“插入对象”，打开“插入对象”对话框，如图 2-33 所示。

从图中可以看到，在写字板中可以插入的文件格式很多，像 Photoshop 图像、微软的 Office 套装中的各种文件、位图、视频剪辑等。请尝试自己插入需要的对象。

（4）计算器的使用。可以通过“开始”—“所有程序”—“附件”—“计算器”打开计算器。计算器可能是我们使用最多的小工具之一，它是我们进行简单计算的好帮手，我们经常使用的是“标准计算器”（见图 2-34），在这种模式下，可以进行四则运算、开平方、数值取反、百分数计算等运算，对于日常需要来说，这些功能已经可以满足我们的要求了。

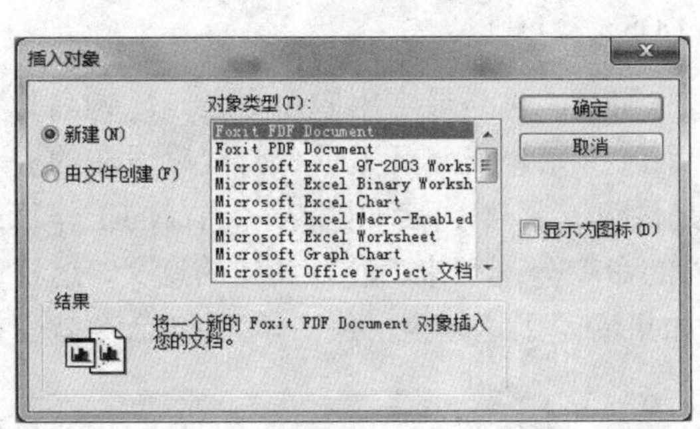

图 2-33

图 2-34　标准计算器

其实，计算器还有一种“科学计算器”模式（见图 2-35），只需要在菜单栏“查看”中选择“科学型”就可以转换到科学计算的模式。科学计算器的功能要比标准计算器的功能强大许多，科学计算器有多种函数，还可以进行逻辑运算，并且还有 16 进制、10 进制、8 进制、2 进制这 4 种进制可供选择。

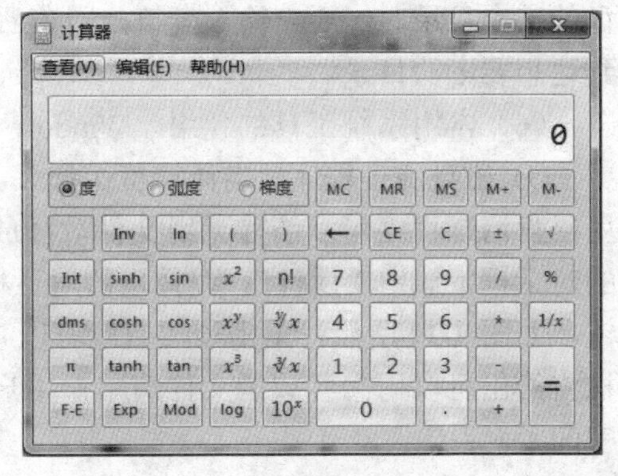

图 2-35

不论是“标准计算器”还是“科学计算器”，使用方法和拿在手中的计算器都是一样的，它们可以说是真实计算器的模拟器，所以具体的使用方法就不在这里介绍了。

（5）DOS 命令。DOS 命令有很多，在这里只介绍几种最基本的命令，想要运行 DOS 命令，在“开始”—搜索命令框中输入“cmd”然后回车，打开 DOS 模拟窗口，如图 2-36 所示，在这里可以练习一下 DOS 命令。

① dir 命令。DOS 下使用频率最高的命令莫过于 dir 命令了，dir 是英文单词 directory（目录）的缩写，主要用来显示一个目录下的文件和子目录。输入“dir”后敲击回车，当前目录的内容将会被列出。值得注意的是，DOS 命令并不区分大小写。输入方法为在命令后面加一

个“/”再加上参数。具体参数效果请查找相关资料，这里不再赘述。

图 2-36 DOS 命令窗口

② cd 命令。cd 是英文 change directory 的缩写，也是最常用的命令之一。顾名思义，如果想要进入一个目录，显然该采用这个命令了。首先介绍一下提示符。假设现在的提示符是 c:\>，说明现在的工作盘是 C 盘，即当前盘是硬盘。紧接 C:后面的\表示当前的工作目录是根目录。>的作用只是为了把工作目录和要输入的命令分割开来，没有其他的意义，这样就可以从提示符上看出当前的工作盘和工作目录，如果清楚了这一点，那么学习 cd 命令就变得轻松自如了。

现在回到 cd 命令，如果想进入目录 Favorites，直接输入“cd Favorites”即可。如果想退回上一层目录，输入“cd..”即可，当前目录的变化都可以通过标识符的变化来证实。

学会了 cd 命令，用户就可以到达磁盘中的任何一个目录了。注意，如果想要到非当前磁盘的某个目录时，要先输入盘符，回车后，等当前盘变为另一个磁盘时，才可以使用 cd 命令到达想要去的目录。

（6）常用系统工具的使用。Windows 系统提供了几个对磁盘进行管理的小工具。

① 磁盘清理程序。当计算机运行久了，就会有大量的无用文件堆积在硬盘里面，这时使用磁盘清理程序可以清除无用文件，释放硬盘空间。右键单击想要清理的硬盘盘符，在弹出的对话框中选中“属性”，在弹出的对话框中的一个选项卡“常规”中有一个“磁盘清理”按钮，如图 2-37 所示，单击该按钮就可以开始清理所选磁盘了，在经过短时间的计算后，计算机将给出可以用来释放的文件清单，用户就可以根据自己的需要选择想要删除的文件来释放空间了。

② 磁盘扫描程序。计算机运行时间久了，就有可能产生错误文件信息甚至导致硬盘出现坏道，想要修复这些可能的错误，磁盘扫描程序就派上了用场。切换至“工具”选项卡，单击出现的“开始检查”就可以打开“检查磁盘程序”（见图 2-38）。进行一下简单的设置后就可以开始查找硬盘错误了。

③ 碎片整理程序。同样由于计算机的长时间运行，随着硬盘存储内容的不断新增和删除，会产生文件碎片，这些文件碎片会影响文件的读取速度并且在一定程度上多占用硬盘空间，这些影响会随着碎片数量的提升而加剧。碎片整理程序则可以改善这种状况。在“工具”选

项卡中，单击“开始整理”按钮会打开磁盘碎片整理工具。经过分析后可以对认为有必要的分区进行碎片整理。

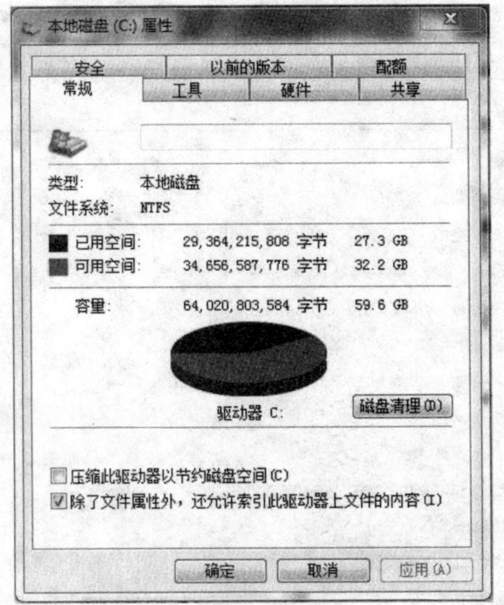

图 2-37　磁盘清理

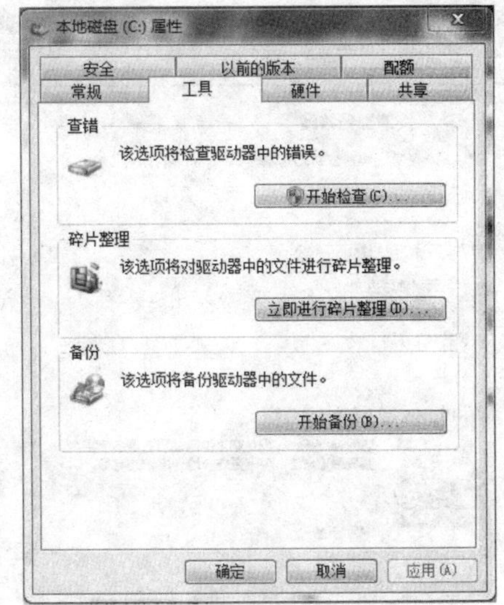

图 2-38　磁盘工具

实验 2.5　帮助系统

2.5.1　实验目的

（1）学会使用 Windows 帮助系统。

（2）学会使用应用软件的帮助系统。

2.5.2　实验内容

（1）打开 Windows 的帮助系统。

（2）使用在线帮助。

（3）打开写字板窗口，使用帮助系统。

2.5.3　实验步骤

（1）打开 Windows 帮助系统。Windows 系统的所有操作都在帮助系统中给出了操作方法。

① 打开帮助系统。点击“开始”—“帮助和支持”，可以看到 Windows 的帮助和支持中心，如图 2-39 所示。简单来说，“帮助和支持中心”是一个几乎所有计算机系统任务的集成管理中心和强大的帮助中心的集合。

“Windows 帮助和支持”是全面提供各种工具和信息的资源。使用搜索、索引或者目录，可以广泛访问各种联机帮助系统。通过它，可以向联机 Microsoft 支持技术人员寻求帮助，可以与其他 Windows 7 用户和专家利用 Windows 新闻组交换问题和答案，还可以使用“远程协助”得到朋友或同事的帮助。

② 查看目录。在“Windows 帮助和支持”页面右上方，单击第三个按钮可以查看帮助中

心目录，用户可以根据目录引导查看帮助中心内容，如图 2-40 所示。

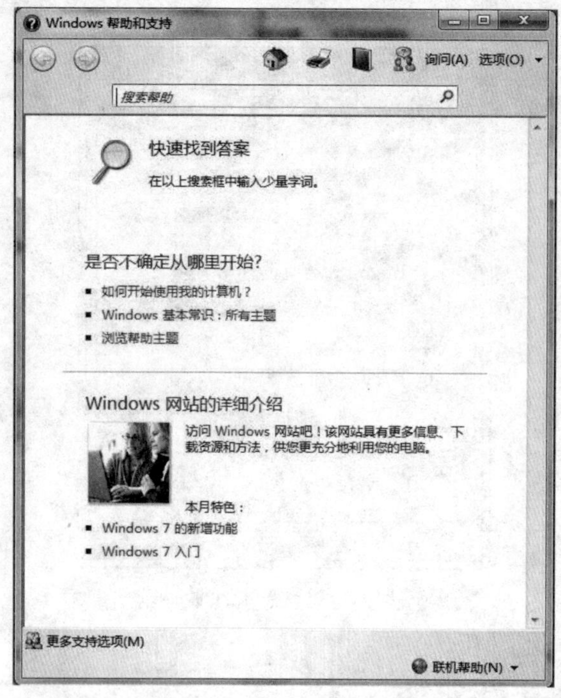

图 2-39　Windows 帮助

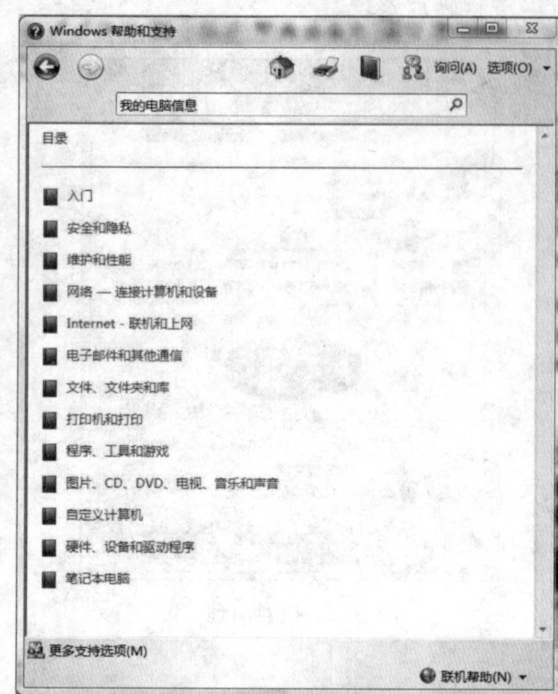

图 2-40　Windows 帮助和支持

（2）使用窗口帮助系统。新建一个 Microsoft Word 文档。点击菜单栏的“文件”—“帮助”—“Microsoft Office 帮助”，就打开了 Microsoft Word 的帮助文档，如图 2-41 所示。点击文档右边的选项，可以查看相关内容。点击“索引”、“搜索”可以快速找到需要查看的内容。

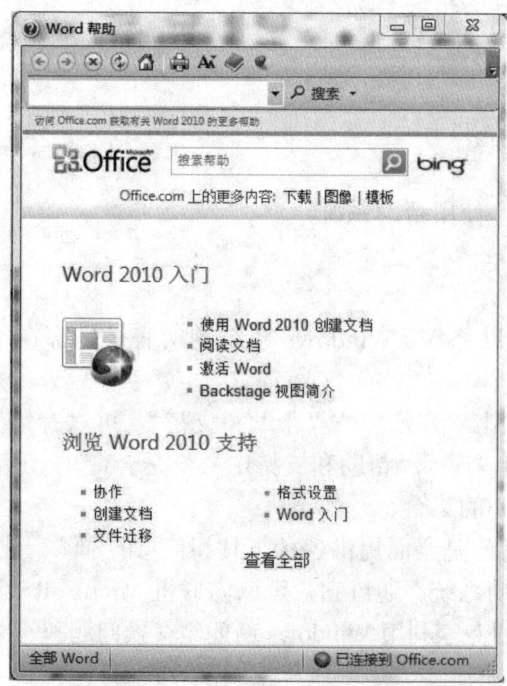

图 2-41　Office 帮助

练　习　题

一、单项选择题

1. 在 Windows 中，资源管理器的窗口被分成两部分，其中左部显示的内容是________。
   A. 当前打开的文件夹的内容　　B. 系统的树形文件夹结构
   C. 当前打开的文件夹名称及其内容　　D. 当前打开的文件夹名称
2. Windows 系统安装并启动后，由系统安排在桌面上的图标是________。
   A. 资源管理器　　B. 回收站
   C. Microsoft Word　　D. Microsoft FoxPro
3. 在 Windows 中，为了弹出“显示器属性”对话框以进行显示器的设置，下列操作中正确的是________。
   A. 用鼠标右键单击“任务栏”空白处，在弹出的快捷菜单中选择“属性”项
   B. 用鼠标右键单击桌面空白处，在弹出的快捷菜单中选择“属性”项
   C. 用鼠标右键单击“我的电脑”窗口空白处，在弹出的快捷菜单中选择“属性”项
   D. 用鼠标右键单击“资源管理器”窗口空白处，在弹出的快捷菜单中选择“属性”项
4. 以下正确的文件标识符是________。
   A. 文件名+盘符+路径　　B. 盘符+文件名+路径
   C. 路径+文件名+盘符　　D. 盘符+路径+文件名
5. 在“任务栏属性”对话框中，“开始菜单程序”选项卡中可以设置的项目有________。
   A. 删除“开始”菜单　　B. 自定义桌面背景
   C. 清除“文档”菜单的内容　　D. 清除“圆收站”
6. 在 Windows 桌面上，可以移动某个已选定的图标的操作为________。
   A. 用鼠标左键将该图标拖放到适当位置
   B. 用鼠标右键单击图标，在弹出的快捷菜单中选择“创建快捷方式”
   C. 用鼠标右键单击桌面空白处，在弹出的快捷菜单中选择“粘贴”
   D. 用鼠标右键单击该图标，在弹出的快捷菜单中选择“复制”
7. 如果文件系统中有两个文件重名，不应采用________。
   A. 单级目录　　B. 多级目录
   C. 二级目录　　D. A 和 C
8. 任务栏上的应用程序按钮处于被按下状态时，对应________。
   A. 最小化的窗口　　B. 当前活动窗口
   C. 最大化的窗口　　D. 任意窗口
9. 鼠标右键单击桌面上“计算机”图标，弹出的菜单称为________。
   A. 下拉菜单　　B. 弹出菜单
   C. 快捷菜单　　D. 级联菜单
10. 快捷方式确切的含义是________。
    A. 特殊文件夹　　B. 特殊磁盘文件
    C. 各类执行文件　　D. 指向某对象的指针
11. 下列描述中，正确的是________。
    A. 置入回收站的内容，不占用硬盘的存储空间
    B. 在回收站被清空之前，可以恢复从硬盘上删除的文件或文件夹

C. 软磁盘上被删除的文件或文件夹，可以利用回收站将其恢复

D. 执行回收站窗口中的“清空回收站”命令，可以将回收站中的内容还原到原来位置

12. 在“资源管理器”窗口中，当选中文件或文件夹之后，下列操作中不能删除选中的对象的是________。

A. 鼠标左键双击文件或文件夹

B. 按住键盘上的 Delete 键

C. 选择“文件”下拉菜单中的“删除”命令

D. 用鼠标右键单击要删除的文件或文件夹，在打开的快捷菜单中选择“删除”菜单项

13. 剪贴板是在________中开辟的一个特殊存储区域。

A. 硬盘　　B. 外存　　C. 内存　　D. 窗口

14. 在 Windows 启动后，要执行某个应用程序，下列方法中错误的是________。

A. 在资源管理器中，用鼠标双击应用程序名

B. 利用“开始”菜单的“运行”命令

C. 在资源管理器中，选择应用程序，点击 Enter 键

D. 到“开始”菜单的“程序”—“启动”组中

15. 在 Windows 中设置“共享级访问控制”时，以下不属于共享访问类型的是________。

A. 只读　　B. 只写　　C. 完全　　D. 根据密码访问

16. 在 Windows 中，桌面是指________。

A. 电脑桌　　B. 活动窗口

C. 文档窗口　　D. 窗口、图标和对话框所在的屏幕背景

17. 在“我的电脑”或“资源管理器”窗口中，使用________可以按名称、类型、大小、日期排列窗口右区中的内容。

A.“编辑”菜单　　B.“查看”菜单

C.“文件”菜单　　D. 快捷菜单

18. 在 DOS 操作系统中，删除目录的目录管理命令是________。

A. mkdir　　B. chdir　　C. dir　　D. rmdir

19. 为了显示在资源管理器中扩展名为.exe 的文件，最快速且准确的方式是________。

A. 按名称　　B. 按大小　　C. 按日期　　D. 按类型

20. 单击“开始”按钮，在出现的菜单中，选择“运行”项，现要运行 C 盘根目录下的 BALL. exe 程序，应输入的是________。

A. BALL. exe　　B. C:BALL. exe

C. C:\BALL. exe　　D. 以上 3 个都可以

二、多项选择题

1. Windows“设置”中的“打印机”命令可以________。

A. 改变打印机的属性　　B. 打印屏幕信息

C. 清除最近使用过的文档　　D. 添加新的打印机

2. 在 Windows 中，能改变窗口大小的操作是________。

A. 将鼠标指针指向菜单栏，拖动鼠标　　B. 将鼠标指针指向标题栏，拖动鼠标

C. 单击窗口上的还原按钮　　D. 将鼠标指针指向边框，拖动鼠标

3. 一个文件夹具有几种属性，它们是________。

A. 只读　　B. 隐藏　　C. 存档　　D. 系统

4. 有关 Windows 记事本的正确说法有________。

A. 可以保存为纯文本文件　　B. 可以保存为 Word 文档

C. 可以改变字体大小　　D. 无法插入图片

5. 在 Windows 中，用“搜索”命令查找文件或文件夹时，可以依据________。

A. 文件中包含的特殊词或短语　　B. 文件或文件夹的名称

C. 文件或文件夹名称的一部分　　D. 创建或修改文件的日期

6. 与写字板相比，记事本________。

A. 只能编辑小于 64KB 的文本文件　　B. 只能编辑不带格式的文档

C. 编辑的文件不能存为 Word 文档　　D. 编辑的文件中可以插入图片和声音

7. 下面是关于 Windows 文件名的叙述，正确的是________。

A. 文件名中允许使用汉字　　B. 文件名中允许使用竖线（“|”）

C. 文件名中允许使用空格　　D. 文件名中允许使用多个圆点分隔符

8. Windows 中，磁盘扫描程序可以________。

A. 检查文件碎片丢失情况　　B. 检查文件目录错误

C. 检查计算机病毒　　D. 修复文件分配表错误

9. 任务栏中一般包括________。

A. 数字时钟　　B. 汉字输入法按钮

C. 开始按钮　　D. 打印机设置

10. 在 Windows 环境下，下列叙述中正确的是________。

A. 利用“网上邻居”可以浏览网上其他计算机内的所有可共享的资源

B. 用户可以利用“控制面板”中的“添加/删除程序”来创建启动盘

C. DOS 应用程序必须在“MS-DOS"窗口下运行

D. 用户可以利用“控制面板”中的“字体”来设置汉字输入法特性

三、填空题

1. 要在 Windows 中修改日期或时间，则应双击“________”中的“日期/时间”图标。

2. 在 Windows 的下拉式菜单显示约定中，浅灰色命令字表示________。

3. 每当运行一个 Windows 的应用程序，系统都会在________上增加一个按钮。

四、判断题

1. 在 Windows 的资源管理器中不能查看磁盘的剩余空间。　（　）

2. Windows 自带的记事本能编辑打印各种文件，它能进行图文混排。　（　）

3. Windows 上，打印机、CD-ROM 驱动器、硬盘驱动器、软盘驱动器都能共享。（　）

4. 在多级目录结构中，不允许文件同名。　（　）

5. 剪贴板的内容只能被其他应用程序粘贴，不能保存。　（　）

6. Windows 7 的标题栏包括应用程序的图标、应用程序名以及当前打开的文件名等。　（　）

7. 通过控制面板，可以添加新硬件，也可以删除或添加程序。　（　）

8. Windows 的桌面外观可以根据爱好进行更改。　（　）

9. 在 Windows 中，用户可以对磁盘进行快速格式化，但是被格式化的磁盘必须是以前做过格式化的磁盘。　（　）

10. 如果一个文件的扩展名为.exe，那么这文件必定是可运行的。　（　）

第 3 章 计算机网络基础

实验 3.1 网络设置

3.1.1 实验目的

（1）掌握检查网卡设置的方法。

（2）掌握检查计算机已经安装的网络协议的方法。

（3）学会配置 IP 地址。

（4）掌握连接测试的方法。

（5）了解线序及线序标准，会制作网线。

3.1.2 实验内容

（1）检查当前使用的网卡的各种参数。

（2）检查当前系统中已经安装的各种协议。

（3）了解 IP 地址的设置方法：自动获取方式和固定配置方式。

（4）通过 Ping 指令检查计算机是否和网关接通。

（5）通过 Ping 指令检查本机和机房的其他计算机是否接通。

（6）自己制作一条网线。

3.1.3 实验步骤

（1）检查网卡参数。MAC 地址，也称硬件地址，是由 48 比特长（6 字节）、16 进制的数字组成。在网络底层的物理传输过程中，是通过物理地址来识别主机的，它一般也是全球唯一的。可以查询到用户正在使用的网卡的 MAC 地址。查询网卡参数有两种方法：

- 方法 1：点击“开始”，在“搜索程序和文件”窗口中输入“cmd”，弹出“命令提示符”窗口，输入“ipconfig/all”，回车，即会显示本机器网卡的各种参数，如图 3-1 所示。
- 方法 2：单击桌面右下角本地连接图标，单击“打开网络和共享中心”（如图 3-2 所示），进入网络和共享中心，单击当前计算机连接到的网络，如当前连接到的是无线网络，就会显示“无线网络连接”，就会弹出“网络状态”窗口（如图 3-3 所示）。单击“详细信息”，即会出现网络连接的详细信息，如图 3-4 所示。

在这两种查看网卡参数的窗口中，请注意其中的“实际地址（Physical Address）”项显示的内容，这个地址是每块网卡的唯一地址，不会出现实际地址相同的两块网卡。

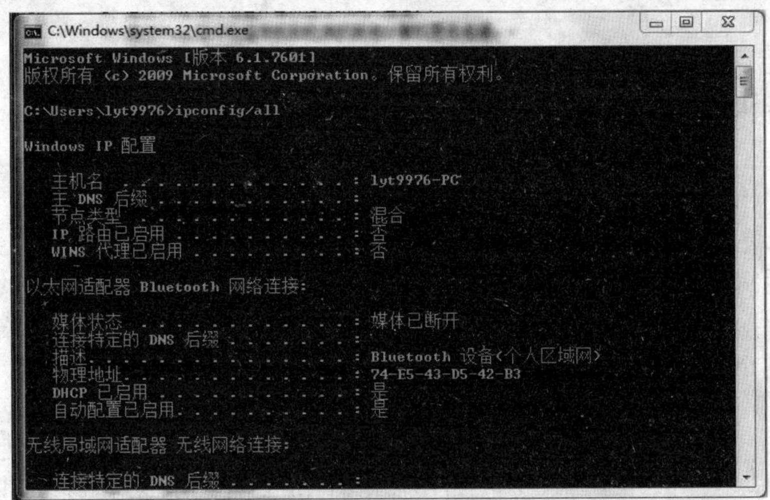

图 3-1　查看网卡信息

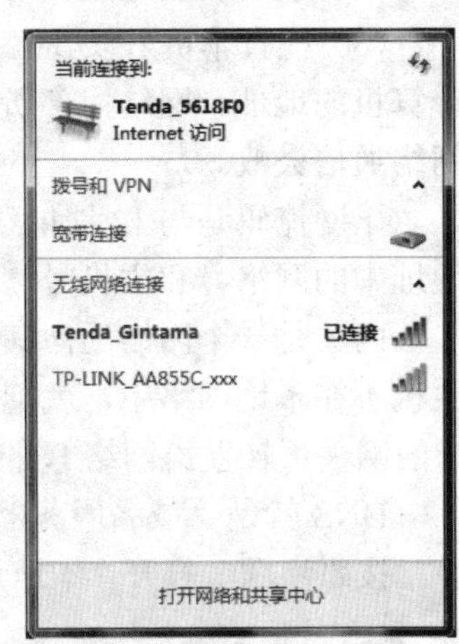

图 3-2　查看网络信息

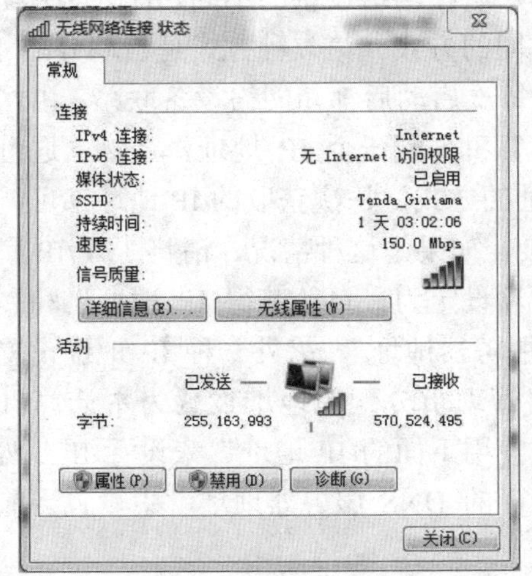

图 3-3　无线网络连接状态窗口

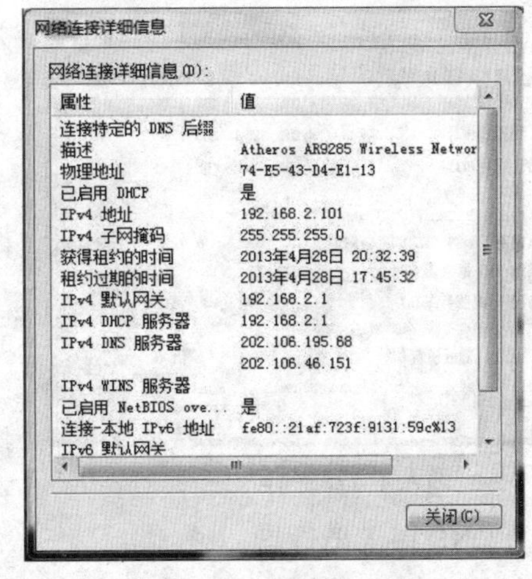

图 3-4　查看网卡信息

（2）检查系统中安装的网络协议。网络协议是网络上所有设备（网络服务器、计算机及交换机、路由器、防火墙等）之间通信规则的集合，它定义了通信时信息必须采用的格式和这些格式的意义。如果要使用网络上的资源或者和其他的计算机交换信息，必须安装相关的网络协议。

点击“开始”—“控制面板”—“网络和 Internet”—“网络和共享中心”，单击当前连接到的网络名称，弹出“网络状态”窗口。点击“属性”，弹出对话框如图 3-5 所示。可以看到“Internet 协议版本 4（TCP/IP），这就是本机所安装的网络协议。一般电脑的网络协议都是 TCP/IP，单击“属性”按钮，可以看到 TCP/IP 的各种参数。

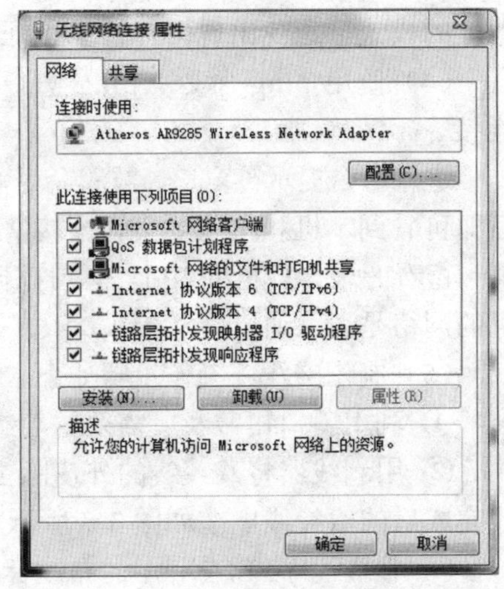

图 3-5　查看网络协议

如果没有安装某个网络协议，点击“安装”按钮进入网络协议的安装过程。

（3）检查本机 IP 地址。IP 地址是 32 位的二进制数，用于在 TCP/IP 通信协议中标记每台计算机的地址。网络内部所有计算机的 IP 地址都不能相同，否则会发生 IP 地址冲突，导致网络通信失败。

子网掩码是与 IP 地址结合使用的一种技术。它的主要作用有两个：一是用于确定广域网地址中的网络号和主机号，二是用于将一个大的 IP 网络划分为若干小的子网络。

网关是一个网络通向其他网络的 IP 地址。例如，如果网络 A 中的主机发现数据包的目的主机不在本地网络中，就把数据包转发给自己的网关，再由网关转发给网络 B 的网关，网络 B 的网关再转发给网络 B 的某个主机。

DNS 就是“域名服务器”，该服务器用于将用户的域名请求转换为 IP 地址。

按照步骤 2 打开“本地连接属性”对话框，选择“Internet 协议（TCP/IP）”，点击“属性”，可以查看到本机所使用的 IP 地址、子网掩码、默认网关、DNS 服务器地址，如图 3-6 所示。

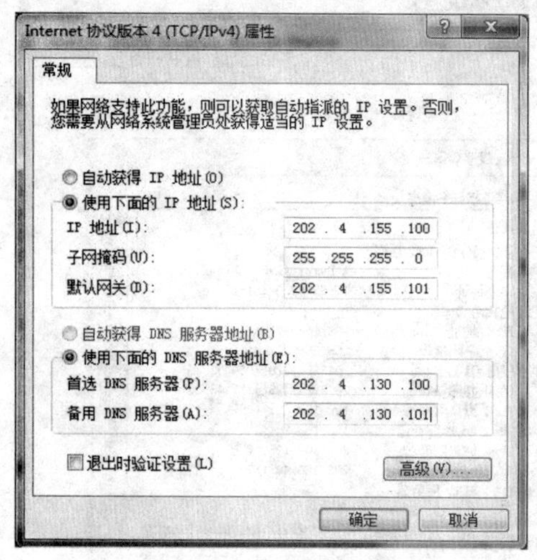

图 3-6　查看 IP 地址

根据用户所在网络设备的不同，IP 地址分配可能会有两种不同的方式。第一种方式是自动分配 IP 地址：计算机每次启动后都和网络设备联系，由网络设备自动给计算机分配一个 IP 地址，当然，通过自动分配 IP 地址的方式，每次获取的 IP 地址都可能是不同的 IP 地址。如果是这种情况，请将 TCP/IP 属性对话框中的选项设定为“自动获得 IP 地址”和“自动获得 DNS 服务器地址”。另外一种 IP 地址设置的方式是将网络管理员分配的地址设置为本计算机的地址。选择“使用下面的 IP 地址”来设置 IP，然后再在“使用下面的 DNS 服务器地址”中设置当前可以使用的 DNS 服务器地址。

为了防止 IP 地址分配混乱，有些网络预先设定了允许接入的网卡的 MAC 地址，并有可能将 IP 地址与 MAC 地址绑定，这样就避免了非认定的网络的情况发生，同时在手动填写 IP 地址的模式下避免出现两台计算机征用一个 IP 地址的情况。

（4）使用 ping 命令。ping 命令用于检查两个不同的 IP 地址之间是否可以建立通信连接。

进入命令提示符窗口，敲入命令“ping**.**.**.**”（其中**.**.**.**代表网关地址），回车后即可看到本机和本地网关的连接情况。

查看旁边计算机的 IP 地址，打开命令提示符窗口，使用 ping 命令检查本机和旁边的计算机的网络是否联通。

（5）制作网线。制作步骤如下。

① 利用斜口钳截断所需要的双绞线长度。

② 用剥线器将双绞线的外皮除去 2～3 厘米，剥线完成后的双绞线电缆如图 3-7 所示。

图 3-7　双绞线

③ 整理线序。EIA/TIA 的布线标准中规定了两种双绞线的线序：568A 与 568B。

- 标准 568A：绿白—1，绿—2，橙白—3，蓝—4，

蓝白—5，橙—6，褐白—7，褐—8；

- 标准 568B：橙白—1，橙—2，绿白—3，蓝—4，蓝白—5，绿—6，褐白—7，褐—8。

在不同设备之间互连使用直连线，即网线两头都使用同一种线序，568B-568B 或 568A-568A，例如交换机和网卡的连接，在多终端的局域网用得最多，另外有的交换机与交换机的级连用的也是直连线。

还有一种交叉线，即网线两头使用不同线序，568A-568B。交叉线通常用在网卡与网卡的连接，有的交换机与交换机的级联也要用到交叉线。

④ 安装水晶头。确定双绞线的每根线已经正确放置之后，就可以用 RJ-45 压线钳压接 RJ-45 接头。将水晶头的弹片朝外，入线口朝下，从左到右，遵循上面的线序，充分插入线（以在水晶头的顶部看到双绞线的铜芯为标准），然后用压线钳夹一下即可。

实验 3.2　IE 浏览器的使用

3.2.1　实验目的

（1）掌握浏览器的基本操作。

（2）掌握浏览器设置（编码、收藏、选项）。

（3）学会保存网页信息。

3.2.2　实验内容

（1）打开 IE 浏览器，认识浏览器的组成。

（2）查看当前打开的网页编码方式，更换其他的编码方式后查看页面显示状态。

（3）将“我爱 C”计算机辅助教学平台的主页加入到收藏夹中。

（4）将收藏夹的内容导出到文件中。

（5）在 IE 浏览器“Internet 选项”对话框中进行如下的设置：将主页设置为 www.daydayup.net.cn；设置使用的磁盘空间为 400MB；保留天数设定为 10 天；找到一个能使用的代理服务器，并设定使用该代理服务器；提高网页的下载速度。

（6）找到“我爱 C”计算机辅助教学平台上的“Word 练习操作指南”页：将该网页保存到本地硬盘上；保存该网页上的一个图片到本地硬盘；将该网页保存为文本。

3.2.3　实验步骤

（1）打开 IE 浏览器。常用的打开 IE 浏览器的方法有：

- 方法 1：鼠标左键双击桌面的浏览器图标，启动 IE 浏览器；
- 方法 2：通过“开始”—“所有程序”—“Internet Explorer”启动 Internet Explorer。

Internet Explorer 主界面如图 3-8 所示。

（2）打开主页。在地址栏中输入域名 www. daydayup. net. cn 按下回车，进入“我爱 C”计算机辅助教学平台的主页。

页面打开的过程中请注意浏览器正在打开的网页信息，并且下载进度条显示当前网页的下载速度。因为网络环境不同，所以下载的速度也不尽相同。

IE 浏览器可以设定查看页面文字的编码方式，每个打开的页面在编辑时都会设定一种文字编码方式，如果这两种方式不相同，则有可能在页面上显示的是乱字符。

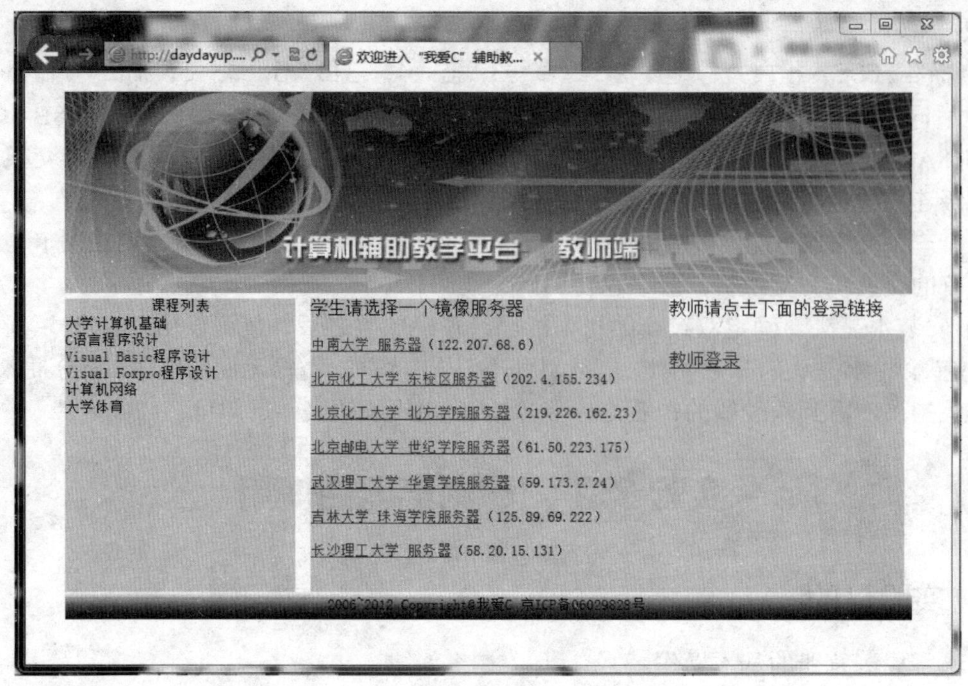

图 3-8　IE 浏览器

右键单击网页，在弹出的快捷菜单中选择“编码”，把编码方式修改为“Uincode（UTF-8）”，查看网页显示效果。

（3）将当前正在浏览的网址添加到收藏夹中。

① 打开“添加到收藏夹”对话框。

在菜单中选择“收藏夹”—“添加到收藏夹”可以打开“添加到收藏夹”对话框（如图 3-9 所示）。

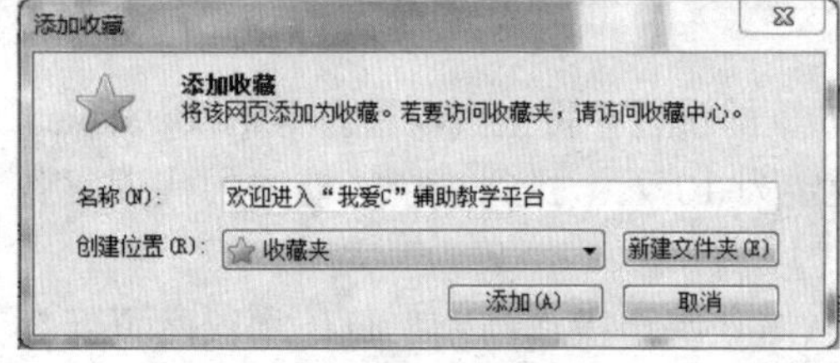

图 3-9　添加收藏夹

在页面的空白处，即没有图片、链接和 flash 的地方点击右键，在弹出的菜单中点击“添加到收藏夹”，在弹出的对话框中点击“添加”，这样则可以将当前页面加入到收藏夹。

② 在打开的对话框中选定添加的位置，点击确定完成操作。

③ 重新打开一个 IE 浏览器，在收藏夹里找到辅助教学系统的显示条目，打开辅助教学系统的主页。

（4）导出收藏夹。收藏夹里保存的网址可以通过导出到文件的方式保存下来。

① 在菜单中选择“收藏夹”，单击“添加到收藏夹”右边向下的箭头，弹出耳机快捷菜单，选择“导入和导出”，打开“导入/导出设置”对话框，选择“导出到文件”。

② 点击“下一步”按钮后，选择“收藏夹”项。

③ 点击“下一步”按钮后，选择要导出的文件夹。

④ 点击“下一步”按钮后，提示“键入文件路径或浏览到文件”，点击“浏览”按钮选择存储位置和文件（文件的扩展名为．htm）。

⑤ 点击“导出”按钮，再点击“完成”按钮，结束导出收藏夹操作。

（5）浏览器设置。

在菜单栏中点击“设置”—“Internet 选项”，进入如图 3-10 所示对话框，在这里可以完成大部分对 Internet Explorer 的设置。

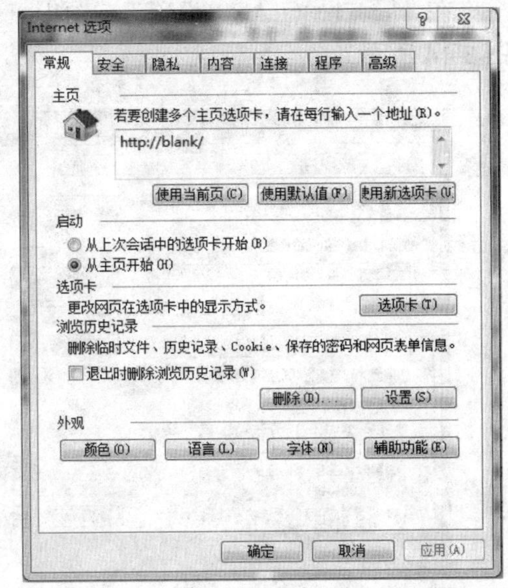

图 3-10　浏览器设置对话框

① 主页设置。依据每个人的浏览习惯和浏览爱好，可以预先设定在打开 IE 浏览器后自动打开的默认主页。打开“Internet 选项”对话框的“常规”选项卡，在“主页”部分的“地址”中输入 www.daydayup.net.cn，则将浏览器的默认主页设置为“我爱 C”辅助教学系统的主页。在下次打开 IE 浏览器时会自动打开辅助教学系统的主页。如果 IE 浏览器当前打开的页面就是“我爱 C”辅助教学系统的主页，则点击“常规”选项卡中的“使用当前页”按钮后完成默认主页的设置。

② 设置保留天数和磁盘空间。访问过的网页中的部分信息会保留在硬盘上，这样在下次访问该页面时就不用下载已经保留在本地硬盘上的信息了，可以加快网页的浏览速度。但保留页面内容需要占用硬盘空间，所以需要对这个选项进行设置。

打开“Internet 选项”对话框的“常规”选项卡，在“浏览历史记录”下，点击“设置”按钮，弹出网站数据设置窗口（如图 3-11 所示），在“历史记录”选项卡下通过上下按钮来调节网页在历史记录中保存的天数。例如，设置网页保存在历史记录中的天数为 10 天，这样系统会自动清除超过 10 天的历史记录。

用户可以点击“浏览历史记录”下的“删除”按钮手动清除当前的所有历史记录。

打开“Internet 选项”对话框的“常规”选项卡，在“浏览历史记录”部分点击“设置”按钮打开“网站数据设置”对话框，在“Internet 临时文件”选项卡下设定“使用的磁盘空间”为 400MB。当临时文件超过 400 MB 后系统会自动删除（如图 3-12 所示）。

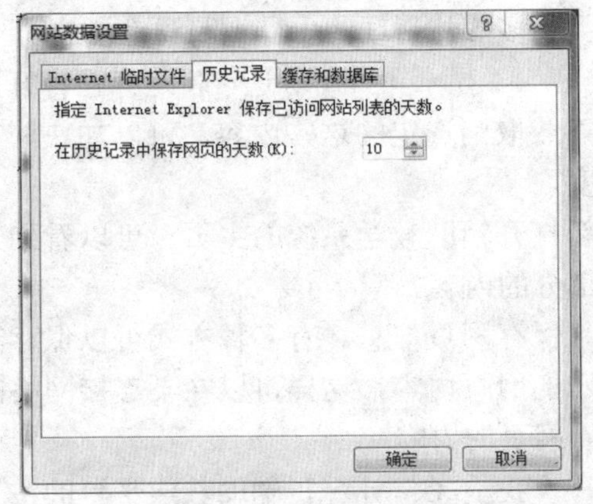

图 3-11　历史记录设置

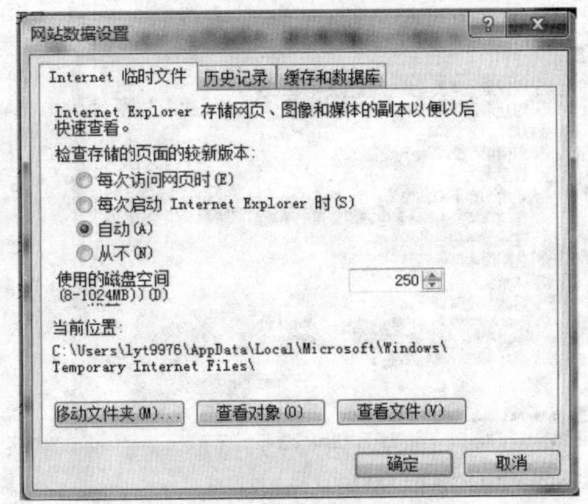

图 3-12　临时文件设置

③ 设置代理服务器。计算机可以通过代理服务器访问网页。好的代理服务器可以加快访问的速度，并且可能绕过某些访问限制。有些网站提供代理服务器列表，可以选择一个可以使用的代理服务器。还有一些代理服务器通过查看软件，可以帮助用户检查代理服务器的连接情况。

打开“Internet 选项”对话框的“连接”选项卡，显示浏览器的连接设置选项（如图 3-13

所示）。

在“局域网（LAN）设置”选项中点击“局域网设置”按钮，打开局域网设置对话框（如图 3-14 所示）。

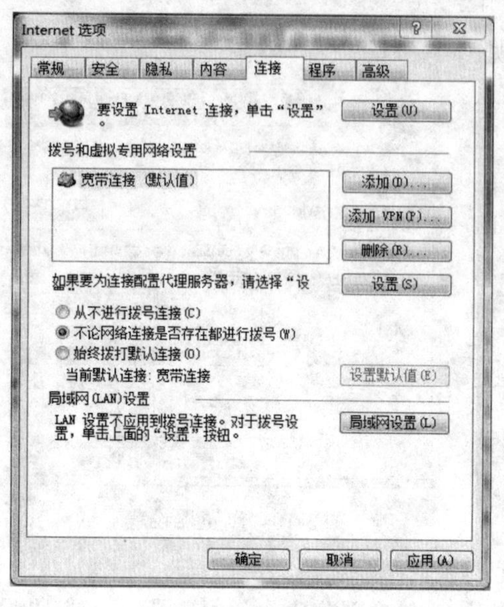

图 3-13　连接设置

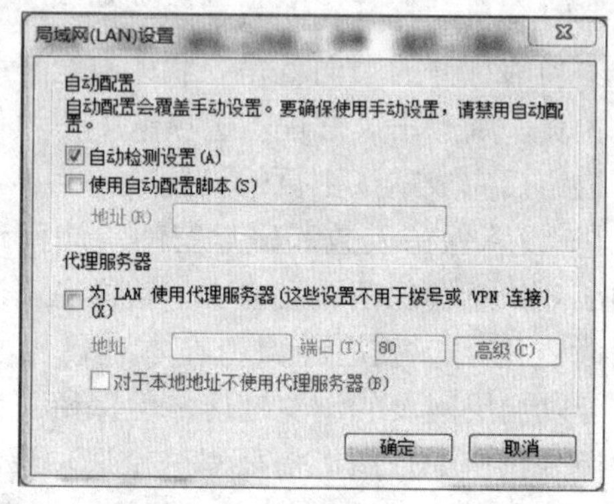

图 3-14　局域网设置

选定“为 LAN 使用代理服务器”复选框，在地址和端口中填入可用的代理服务器信息，点击“确定”完成对代理上网的设置。

请注意选定的代理服务器的 IP 地址和端口设置，都要填写正确才可以使用该代理服务器。

④ 加速网页的下载。在网络速度慢的情况下，可以设定网页上的部分内容不下载，这样可以加速网页浏览速度。

打开“Internet 选项”对话框的“高级”选项卡，显示浏览器的高级设置选项（如图 3-15 所示）。

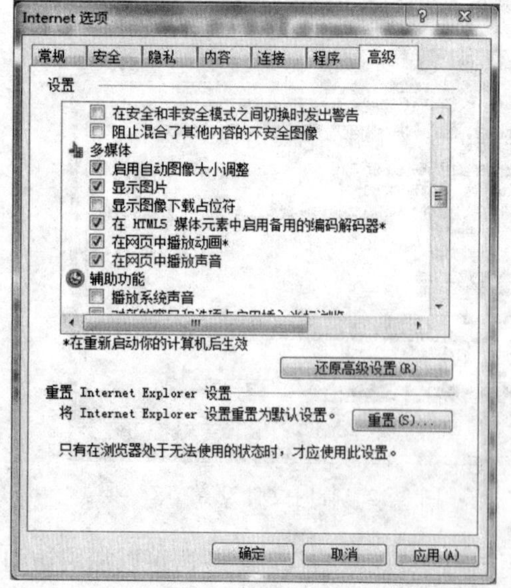

图 3-15　加速网页下载设置

找到“多媒体”项的内容，取消“播放动画”、“播放声音”、“显示图片”等选项，这样在打开网页时将不下载取消选定的这些内容，可以加快网页显示的速度。

重新打开辅助教学系统的主页，可以看到只显示文字部分的内容。

（6）保存网页信息。有多种方式可以保存当前正在显示的网页内容，这样可以在不连接网络的状态下查看网页的内容。

打开“我爱 C”计算机辅助教学平台的主页，登录后进入计算机基础辅助教学系统，找到“Word 练习操作指南”页。

① 保存当前网页。选择菜单“文件”—“另存为”选项，打开保存网页对话框。

设置选择保存的一些选项，指定文件保存的位置，输入保存文件的文件名，编码使用默认方式，“保存类型”选择“Web 档案，单个文件（*. mht）”，点击“保存”完成对该页面保存（如图 3-16 所示）。

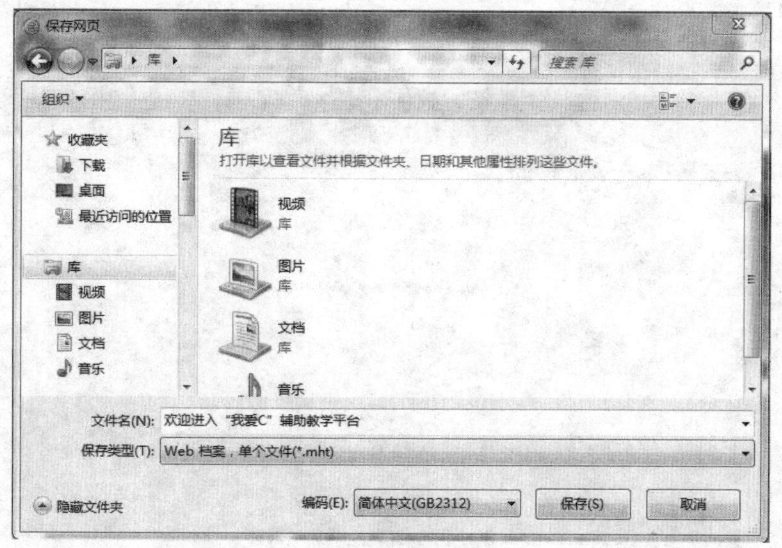

图 3-16

打开保存的网页文件，这样在不连接网络的状态下也可以查看网页内容。

② 单独保存页面上的图片。如果想只保存当前打开的网页上的某张图片，在该图片上点击右键，弹出快捷菜单，选择“图片另存为”选项，打开“保存图片”对话框，选定文件名和保存的位置，点击“确定”按钮后就可以保存选中的图片。

③ 单独保存网页上的文字。选择菜单“文件”—“另存为”选项，打开保存网页对话框。在“保存类型”选项设置为“文本文件（*. txt）”，完成其他设置后点击“保存”按钮。打开保存的文本文件，观察和保存的网页文件有什么不同。

实验 3.3 Internet 搜索与下载

3.3.1 实验目的

（1）掌握使用搜索引擎的基本方法。

（2）了解搜索引擎的使用技巧。

（3）了解常用下载软件的使用方法。

3.3.2 实验内容

（1）打开谷歌的主页（www.google.com.hk）。

（2）练习简单搜索、多关键词搜索、精确搜索、减号搜索。

（3）练习标题搜索、URL 搜索、指定网站内搜索、分类目录搜索。

（4）学习使用 Internet 浏览器下载资料。

3.3.3 实验步骤

（1）打开搜索引擎首页。在 IE 浏览器地址栏中输入谷歌网址 www.google.com.hk，进入谷歌首页，如图 3-17 所示。在开始搜索之前，请注意选择搜索范围，这样可以快速寻找到想获取的结果。

Google.com.hk 使用下列语言： 中文（繁體） English

图 3-17　谷歌主页

（2）简单搜索。在搜索栏中输入“辅助教学平台”，点击“Google 搜索”按钮，查看搜索结果。可以看到，凡是网页上有“辅助教学平台”字样的信息都被列了出来，如图 3-18 所示。

图 3-18　搜索结果

在搜索的结果中，点击具体项的超级链接，就可以打开相关网页，查看详细内容。

如果不能打开超级链接的网页，可以打开“网页快照”查看内容。

（3）多关键词搜索。在搜索栏中输入“辅助教学平台+计算机基础”，点击“Google 搜索按钮开始搜索。在搜索结果中可以看到，只要是有“辅助教学平台”和“计算机基础”字样的信息都会被列出来。“+”可以被一个空格代替，达到同样的搜索结果。

（4）精确搜索。在搜索栏中输入“辅助教学平台”，确保“辅助教学平台”被一对半角的双引号括起来，点击“Google 搜索”按钮开始搜索。这次的搜索结果比第一次和第二次的搜索结果精简了很多，只有精确包含“辅助教学平台”关键字的信息才会被列出。

（5）减号搜索。在搜索栏中输入“辅助教学平台　–计算机基础”，点击“Google 搜索”按钮开始搜索。可以看到在搜索结果中，除了所有结果中都有“辅助教学平台”关键字外，还去掉了包含有“计算机基础”关键字的信息。需要注意的是，减号（–）前面必须有一个空格，才会被识别为减号搜索。

（6）网页标题中搜索。在搜索栏中输入“intitle：辅助教学平台”，然后点击“Google 搜索”按钮，则搜索出所有的网页标题中包含“辅助教学平台”的网页。

网页的制作者通常会把网页的主要内容在网页标题中表述出来，所以网页的标题可以看为是对网页内容的高度概括，因此利用网页标题搜索方式进行搜索时常常可以获得比较精确的结果。

（7）URL 搜索。输入“inurl:daydayup”搜索网址中含有“daydayup”的网页。在搜索栏中输入“inurl：daydayup 辅助教学平台”，点击“Google 搜索”按钮开始搜索并查看搜索结果。该语法返回的网页链接中包含第一个关键字，后面的关键字则出现在链接中或者网页文档中。有很多网站把某一类具有相同属性的资源名称显示在目录名称或者网页名称中，如“MP3”、“GALLARY”等，于是，可以用 inurl 语法找到这些相关资源链接，然后，用第二个关键词确定是否有某项具体资料。inuri 语法和基本搜索语法的最大区别在于，前者通常能提供非常精确的专题资料。

（8）指定网站内搜索。在搜索栏中输入“site：www．daydayup. net．cn 辅助教学平台”。“site”表示搜索结果局限于某个具体网站或者网站频道，如“www．sina. com．cn”、“edu．sina．com. cn”，或者某个域名，如“com.cn”、“com”等。如果要排除某网站或者域名范围内的页面，只需用“ –网站/域名”。

（9）分类搜索。为了方便使用者找到需要的信息，谷歌提供了分类搜索功能。点击主页上的“地图”、“图片”等按钮，进入分类搜索页面，在这些页面里只搜索该类型的网页。

点击“图片”按钮，进入图片搜索的主页，输入“北京奥运”，在查询结果中可以看到搜索到了图片名称里包含“北京奥运”的图片。

提示：在分类搜索中，上述的多种搜索方式都是支持的。

（10）使用 Internet 浏览器下载。在下载文件时，右键单击要下载的文件，在弹出的菜单中选择“目标另存为”，如图 3-19 所示。

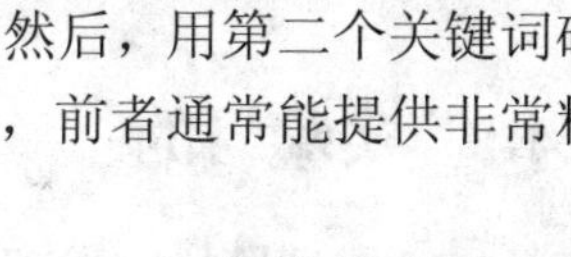

打开(O)
在新选项卡中打开(W)
在新窗口中打开(N)
目标另存为(A)...
打印目标(P)

图 3-19

进入教学辅助系统主页，选择任何一个可以连接到的镜像服务器，在该镜像服务器的软件下载部分找到“上机考试学生端软件下载”，将鼠标移动到该链接上，可以看到鼠标形状的改变，点击鼠标右键，选择“目标另存为”。

在弹出的下载对话框中，如图 3-20 所示，可以修改文件保存路径，在文件名编辑框中可以重命名文件名，最后单击“保存”开始下载。

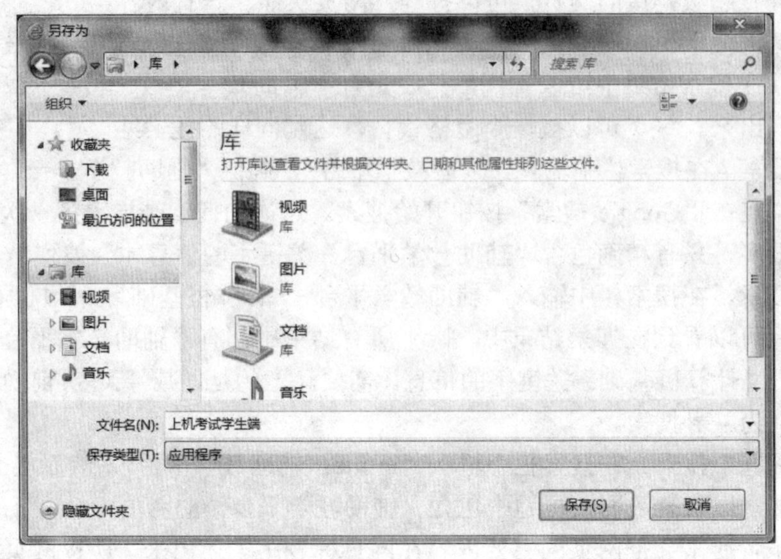

图 3-20

下载完成后，在文件保存目录下，可以看到所有已下载完的文件，双击图标就可以开始运行该文件了。

实验 3.4　电子邮件

3.4.1　实验目的

（1）用浏览器收发邮件。

（2）使用专业软件收发邮件。

3.4.2　实验内容

（1）申请一个免费的电子邮箱。

（2）登录该邮箱，进入收件箱，查看电子邮件。

（3）发送一封带附件的邮件给老师或同学。

（4）保存该邮件的附件。

（5）设置该邮箱（地址簿、自动回复、邮件转发）。

（6）利用 Foxmail 管理电子邮件。

3.4.3　实验步骤

（1）申请免费邮箱。电子邮件（ E-mail）是广大网络用户使用最多的网络服务之一。和传统的联系方式相比，通过电子邮件系统，可以以非常低廉的价格、非常快捷的方式与世界上任何一个角落的网络用户进行联系，目前电子邮件可以发送的内容包括文字、图像、声音等各种方式。很多网站提供免费的电子邮箱。

使用 IE 浏览器进入 http://mail.163.com/，该页面是 163 免费邮箱的主页，如图 3-21 所示。

图 3-21 163 免费邮箱主页

点击“注册”开始申请免费邮箱，如图 3-22 所示。在接下来出现的页面中填写一些必要的信息，根据提示完成申请邮箱。

图 3-22 申请免费邮箱

（2）进入邮箱。再次登录 http://mail.163.com/，使用刚刚注册的用户名登录，进入邮箱。

（3）发送邮件。发送一封带有附件的邮件。通过点击“写信”按钮开始写信，打开编写邮件页面（如图 3-23 所示）。

首先填写收件人的邮箱地址。练习中，收件人写自己的邮箱，以方便下一步的练习。

在文字编辑区域填写邮件的文本内容，设置文本格式。

通过点击“添加附件”按钮，根据提示操作，可以把限制大小的文件作为附件随同邮件发送出去。

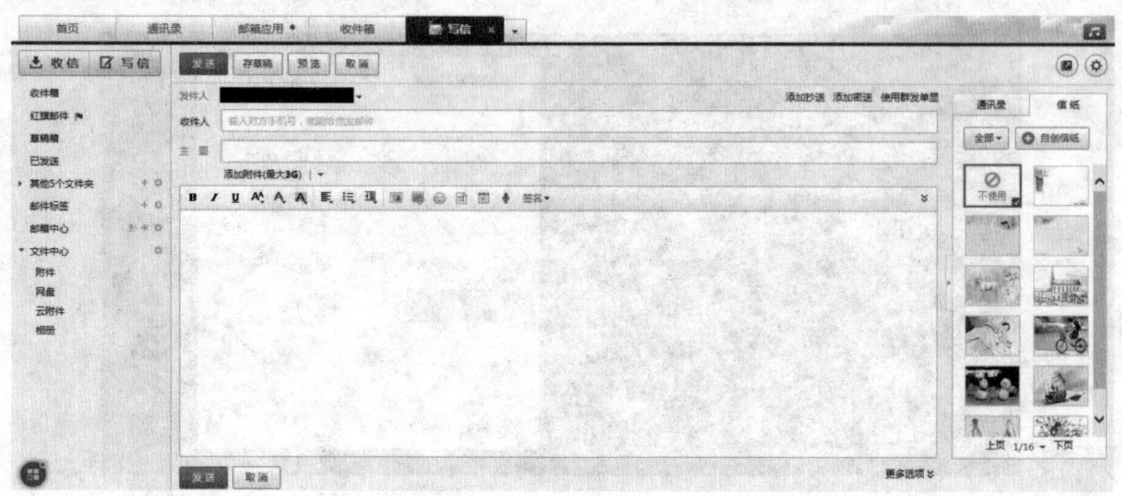

图 3-23 写邮件

添加完附件后，就可以点击“发送”按钮发送该邮件了。

（4）查看邮件。点击“收件箱”可以查看收到的邮件列表，如图 3-24 所示。

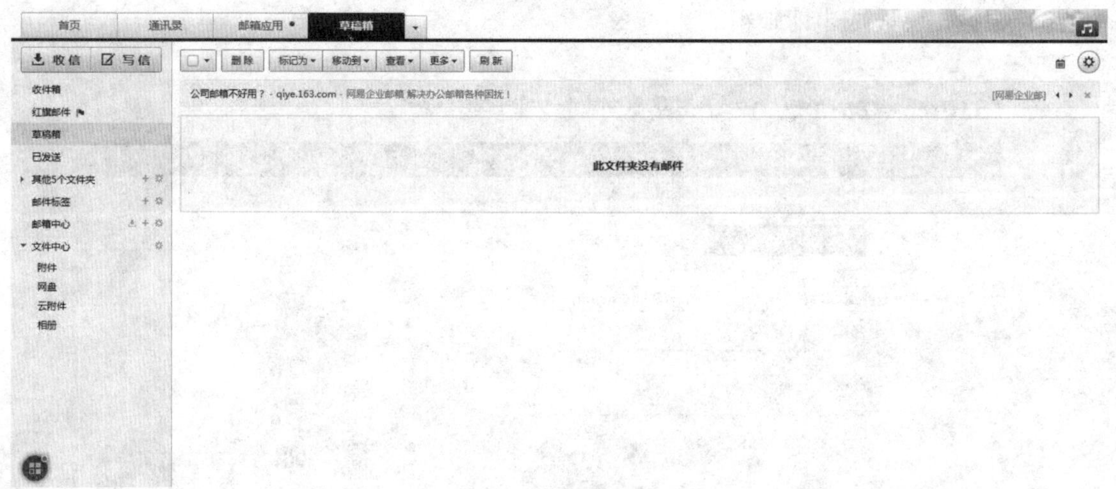

图 3-24 收件箱

注意： 从未打开的邮件被称为“新邮件”，新邮件的显示方式和其他邮件不同。如果该邮件有附件，在邮件列表的“大小”栏会显示附件的大小。

点击邮件名打开该邮件，如果该邮件是一个带附件的邮件，请注意附件部分的提示，在附件名上点击鼠标右键，选择保存该附件。

打开自己的邮箱，点击“收件箱”，应该看到刚刚发送给自己的那封带有附件的邮件，如果没有，尝试点击“收信”，然后再次查看收件箱。通过点击该邮件主题，打开该邮件。通过点击“下载附件”按钮即可保存该附件。

（5）设置邮箱。通过点击页面右上角的“⚙”按钮，在弹出的菜单中点击设置按钮，可以进入邮箱设置页面，如图 3-25 所示。

鼠标左键点击“自动回复”项后进入自动回复设置。请为邮箱设置一个自动回复的邮件内容，这样邮箱一旦收到其他人发来的邮件，则自动给发送邮件的人发送自定义的自动回复邮件内容，告诉对方已经收到了邮件。

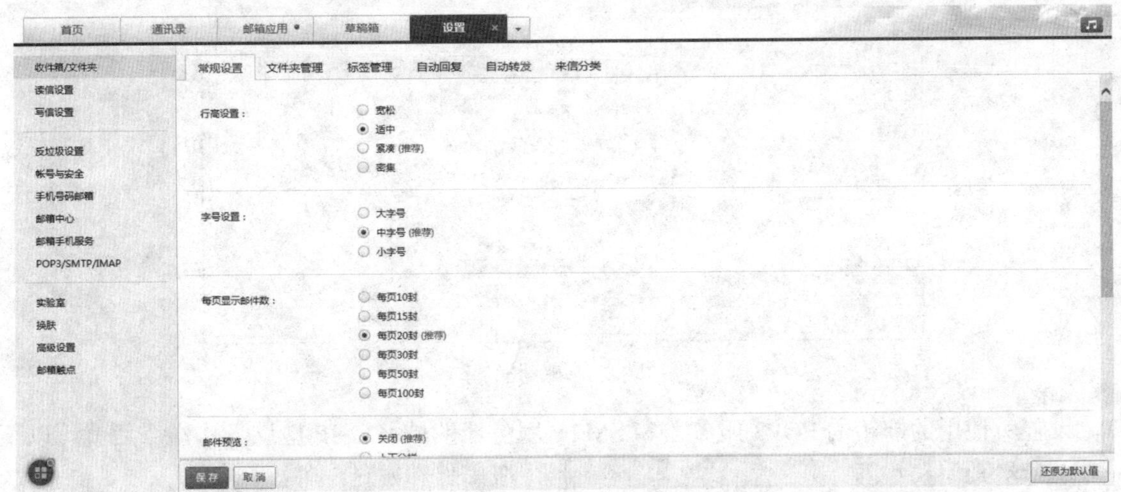

图 3-25　设置邮箱

当用户有多个邮箱时，可以将其他邮箱的邮件自动发送到最常使用的一个邮箱里，防止错过重要邮件。点击“自动转发”项后进入自动转发设置，在设置完成后，发送到本邮箱的邮件将被自动转发到设定的邮箱。

邮箱提供了“通讯录”功能，请将自己的同学添加到通讯录中。

（6）FoxMail 接收邮件。虽然可以通过网页打开邮箱查看邮件，但是用这种方式在查看邮件时必须联通网络。如果有自己的计算机，可以使用专业的电子邮件软件管理邮箱，这些邮件管理软件可以完成所有的电子邮件功能，并且将收到的邮件保存到自己的计算机上，在不同网络的情况下也可以查看接收到邮件。Foxmail 是得到广泛应用的一款邮件管理软件，请下载并安装 FoxMail 软件。

① 新建邮箱账户

- 设置邮件账户信息。打开 FoxMail,选择菜单“工具”—“账号管理”选项，打开账号管理对话框，如图 3-26 所示。选择“新建”，会弹出“新建账号向导”，在出现的向导中输入自己使用的邮箱的相关信息，如图 3-27 所示。如果没有输入密码，则今后收取和发送邮件时会要求输入密码。
- 设置服务器信息。POP3（Post Office Protocol 3），即邮局协议的第三个版本，它是规定怎样将个人计算机连接到 Internet 的邮件服务器和下载电子邮件的电子协议。它是因特网电子邮件的第一个离线协议标准，POP3 允许用户从服务器上把邮件存储到本地主机（即自己的计算机）上，同时删除保存在邮件服务器上的邮件，而 POP3 服务器则是遵循 POP3 协议的接收邮件服务器，用来接收电子邮件。点击“下一步”，填入 POP3 服务器和 SMTP 服务器信息。POP3 服务器是接收邮件的服务器。

SMTP（Simple Mail Transfer Protocol）即简单邮件传输协议，它是一组用于由源地址到目的地址传送邮件的规则，由它来控制信件的中转方式。SMTP 协议属于 TCP/IP 协议族，它帮助每台计算机在发送或中转信件时找到下一个目的地。通过 SMTP 协议所指定的服务器，可以把 E-mail 寄到收信人的服务器上，整个过程只要几分钟。SMTP 服务器则是遵循 SMTP 协议的发送邮件的服务器，用来发送或中转发出的电子邮件。

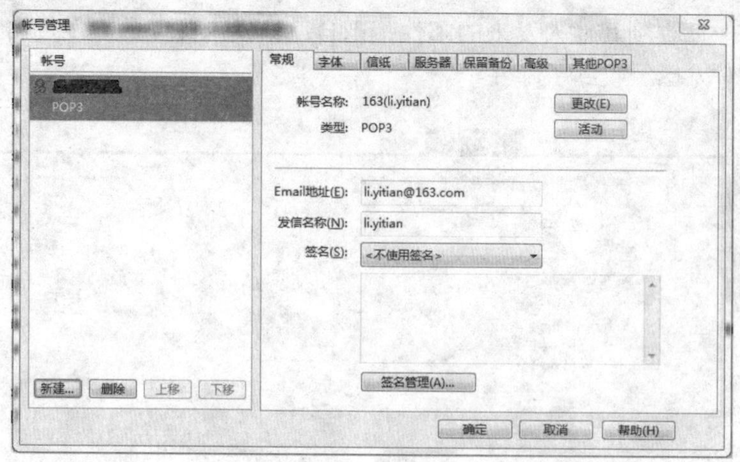

图 3-26　账号管理

设置所使用的邮箱的 POP3 服务器和 SMTP 服务器的域名或 IP 地址。这样今后就可以下载邮件和发送邮件了。

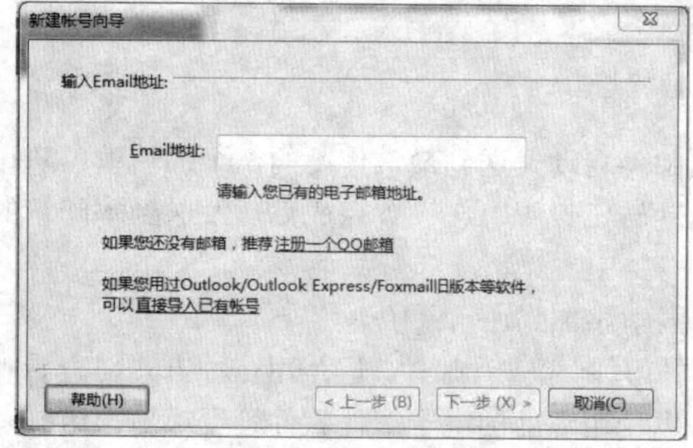

图 3-27　新建邮箱账户

如果不知道所使用的邮箱的 POP3 服务器和 SMTP 服务器的情况，请去提供电子邮件服务的网站查询。

- 连接测试。在接下来的向导中测试连接正确后，点击“完成”结束对账号信息的设置。

② 使用 FoxMail。FoxMail 的界面如图 3-28 所示。通过 FoxMail，可以像在网页中一样对自己的信箱进行各种方便的操作。

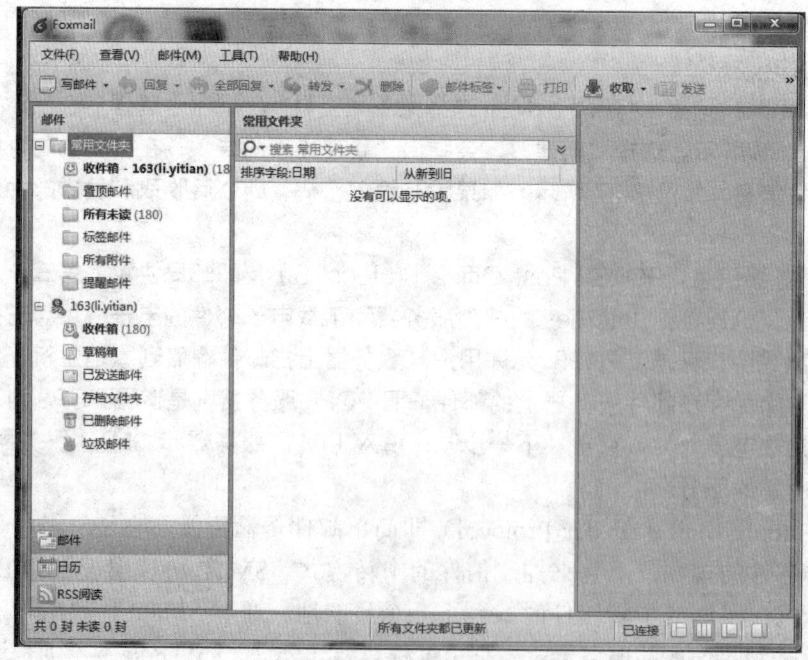

图 3-28　FoxMail 软件

点击工具条中的“收取”按钮则收取邮箱中的新邮件，该邮件被自动保存到本账户下的“收件箱”里，不论是否连接网络，都可以查看邮件内容。

可以设置间隔一定时间自动收取邮件，在新邮件到来时邮件管理系统会自动给出提示。这样就可以在第一时间收到邮件了。

点击“写邮件”按钮后打开写邮件窗口（如图 3-29 所示），可以写新邮件。点击工具栏中的“附件”按钮，可以为该邮件添加附件。

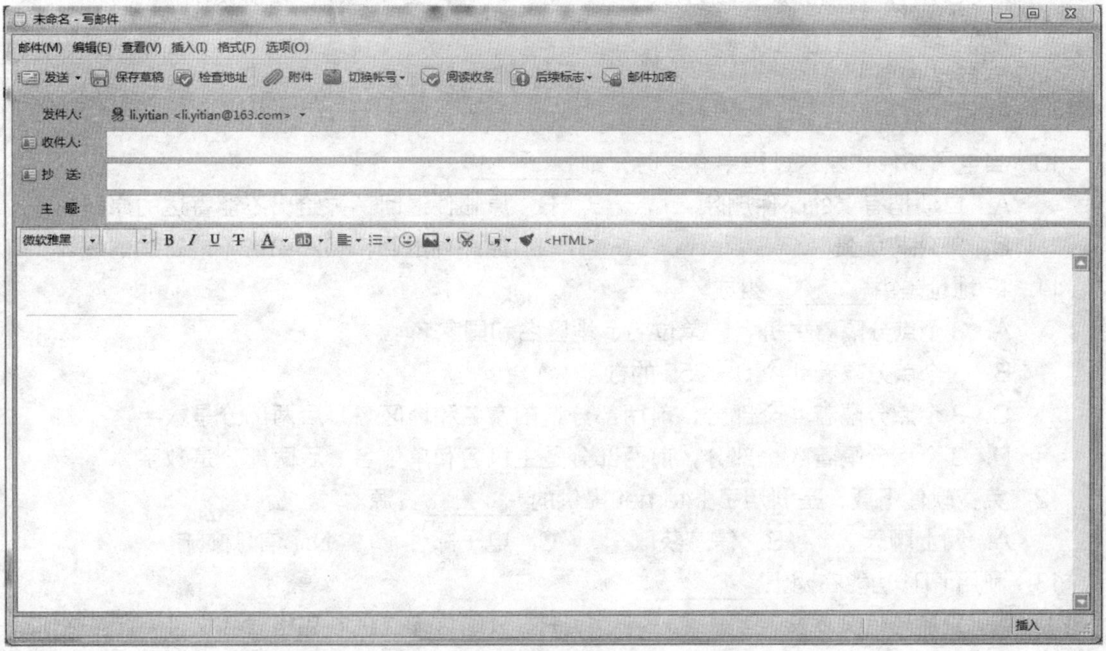

图 3-29　写邮件

点击 FoxMail 工具条中的“地址簿”按钮可以管理个人通讯录。

练　习　题

一、单项选择题

1. Internet 使用的协议是________。

A. CSMA/CD　　B. TCP/IP　　C. X.25/X.75　　D. Token Ring

2. 下面技术中不是因特网采用的基本技术的是________。

A. 客户机/服务器技术　　B. 分组交换技术

C. TCP/IP 通信协议　　D. 图像压缩/解压缩技术

3. 电子邮件的发件人利用某些特殊的电子邮件软件，在短时间内不断重复地将电子邮件发送给同一个接收者，这种破坏方式称为________。

A. 邮件病毒　　B. 邮件炸弹　　C. 特洛伊木马　　D. 蠕虫

4. 在电子邮件中，所包含的信息________。

A. 只能是文字信息　　B. 只能是文字与图像信息

C. 只能是文字与声音信息　　D. 可以是文字、声音、图形和图像信息

5. E-mail 地址的一般格式为________。

A.用户名+域名　　B. 用户名—域名　　C. 用户名@域名　　D. 用户名：域名

6. 文件传输服务采用的通信协议是________。

A. FTP　B. HTTP　C. SMTP　D. Telnet

7. 远程登录服务采用的通信协议是________。

A. FTP　B. HTTP　C. SMTP　D. Telnet

8. URL 的一般格式是________。

A. 传输协议，域名，文件名　B. 文件名，域名，传输协议

C. 文件名，传输协议，域名　D. 域名，文件名，传输协议

9. WWW 是一种________。

A. 网络管理工具　B. 网络操作系统

C. 网络教程　D. 信息检索工具

10. 当电子邮件在发送过程中有误时，则________。

A. 自动把有误的邮件删除　B. 原邮件退回，并给出不能寄达的原因

C. 邮件将丢失　D. 原邮件退回，但不给出不能寄达的原因

11. IP 地址是由________组成。

A. 3 个点分隔着主机名、单位名、地区名和国家名

B. 3 个点分隔着 4 个 0～255 的数字

C. 3 个点分隔着 4 个部分，前两部分是国家名和地区名，后两部分是数字

D. 3 个点分隔着 4 个部分，前两部分是主机名和单位名，后两部分是数字

12. 免费软件下载，是利用了 Internet 提供的________资源。

A. 网上聊天　B. 信息获取　C. 电子邮件　D. 信息交流

13. 利用 FTP 功能在网上________。

A. 只能传输文本文件　B. 只能传输二进制码格式的文件

C. 可以传输任何类型的文件　D. 传输直接从键盘上输入的数据，不是文件

14. 将一台用户主机以仿真终端方式登录到一个远程的分时计算机系统称为________。

A. 浏览　B. FTP　C. 链接　D. 远程登录

15. 访问清华大学的 WWW 站点，需在 IE 地址栏中输入________。

A. FTP://FTP. TSINGHUA.EDU. CN　B. HTTP://WWW.TSINGHUA.EDU. CN

C. HTTP://BBS.TSINGHUA.EDU. CN　D. GOPHER://GOPHER.TSINGHUA.EDU. CN

二、多项选择题

1. 在局域网连接 Internet 时，在添加 TCP/IP 协议后，还需要设置本机的________，才能连接 Internet 网。

A. 子网掩码　B. 网关　C. IP 地址　D. 代理服务器地址

2. 下面列举的关于 Internet 的各项功能中，正确的是________。

A. 程序编译　B. 电子邮件传送　C. 数据库检索　D. 信息查询

3. 下面关于 Internet 的叙述中，不正确的是________。

A. C 类地址适用于拥有大量主机的网络

B. WWW 又称作环球网、万维网

C. 拨号上网时，Modem 并不是必需的

D. Internet 通常由三级组成

4. 超媒体节点中的数据不仅可以是文字．还可以是________。

A. 声音　B. MPEG　C. 计算机程序　D. 图像

5. Internet 提供了多种服务，常用的有________。

A. E-mail 和信息检索　　B. 文件拷贝和字处理

C. E-mail 和文件传输　　D. 信息检索和字处理

6. 以下说法中，正确的是________。

A. HTTP 称为文件传输协议

B. IE 工具栏上的刷新按钮，用于跳过缓冲区，直接从网页的原始地址下载

C. 可以使用 Telnet 协议，进行远程登录

D. 用户可将经常要访问的网页或地址添加到收藏夹中，方便使用

三、判断题

1. 所谓互联网指的是同种类型的网络及其产品相互联结起来。(　　)

2. 文件传输和远程登录都是互联网上的主要功能之一，它们都需要双方计算机之间建立通信联系，两者的区别是文件传输只能传输文件，远程登录则不能传递文件。(　　)

3. FTP 是 Internet 中的一种文件传输服务，它可以将文件下载到本地计算机中。(　　)

4. Internet 上有许多不同的复杂网络和许多不同类型的计算机，它们之间互相通信的基础是 TCP/IP 协议。(　　)

5. E-mail 是指利用计算机网络及时向特定对象传送文字、声音、图像或图形的一种通信方式。(　　)

6. 收藏夹只保存网页的具体内容而不保存其 URL。(　　)

7. TCPi' IP 包括上百个各种功能的协议，远程登录、文件传输和电子邮件等是传输层的协议。(　　)

8. 域名系统 DNS 实现 IP 地址信息的颁布式管理。(　　)

9. 通过设置相应的邮件规则可以进行邮件过滤。(　　)

10. WWW 是一种基于超文本方式的信息查询工具，可在 Internet 上组织和呈现相关的信息和图像。(　　)

第 4 章 常用工具软件

实验 4.1 压缩软件

4.1.1 实验目的

（1）学会下载和安装 WinRAR 软件。

（2）能够生成压缩文件。

（3）能够对一个压缩文件进行解压缩。

4.1.2 实验内容

（1）下载并安装 RAR 软件。

（2）用 RAR 软件压缩一个目录，分别压缩成普通 RAR 文件和自解压文件。

（3）用 RAR 软件压缩一个文件，分别压缩成普通 RAR 文件和自解压文件。

（4）用 RAR 软件解压文件。

4.1.3 实验步骤

（1）软件下载和安装。用户可以在 WinRAR 的官方网站 www.Rarsoft.com 下载该软件，也可以在国内各大软件下载网站下载。安装 WinRAR 非常简单，执行下载的安装文件进行安装即可。安装过程中选择默认设置，在安装向导中选择“确认”即可。安装的最后一步是设置 WinRAR 的文件关联窗口，如图 4-1 所示。为了能发挥它的效能，最好选择“全部选择”，因为这样才能让 WinRAR 管理它可以识别的压缩文件类型。建议选中“在桌面创建 WinRAR 快捷方式”、“在开始菜单创建 WinRAR 快捷方式”、“创建 WinRAR 程序组”，这样可以在桌面、开始菜单、程序组创建 WinRAR 快捷方式。

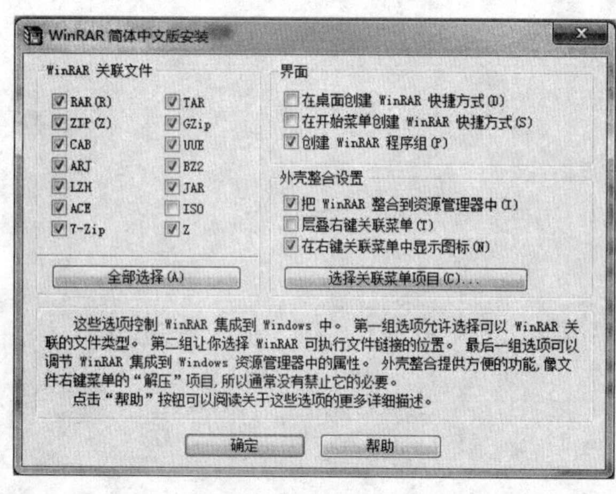

图 4-1 文件关联设置

（2）压缩文件。使用 WinRAR 软件可以压缩一个文件夹下的所有文件，也可以压缩文件夹中的部分文件。生成的压缩文件可以是多种格式。

① 压缩一个文件夹下的所有文件。要对某个文件夹下所有的文件进行压缩打包时，不需要打开 WinRAR 的主程序窗口，而可以选定该文件夹图标，单击鼠标右键，弹出菜单如图 4-2 所示。

在这个菜单项中，可以选择多种压缩的方式，经常使用的是“添加到压缩文件(A)…”选项和“添加到‘XXX.rar’(T)”选项。如果在弹出的菜单中选“添加到压缩文件(A)”命令，则会弹出“压缩文件名和参数”设置对话框，如图 4-3 所示。在“压缩文件名和参数”页面中输入压缩后的文件名，默认扩展名为“原来的文件名.rar”。在“高级”选项页中设置保存路径，其他的使用默认设置即可。单击“确定”后屏幕上还会出现压缩进度状态条。在压缩文件夹时，如果要在当前路径创建同名压缩文件，则可以使用图 4-2 中所给出的“添加到‘xxx’.rar’(T)”选项，则 WinRAR 会自动生成压缩文件。

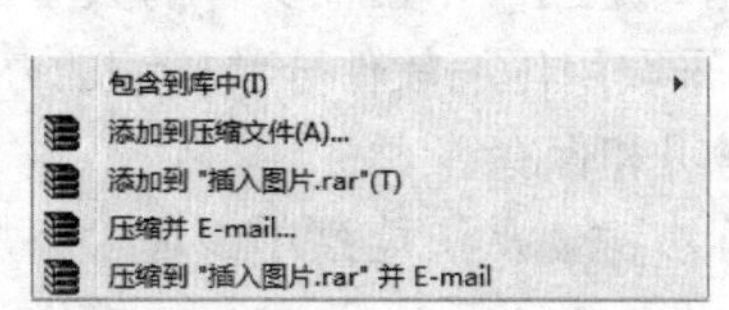

图 4-2　压缩文件方式选择

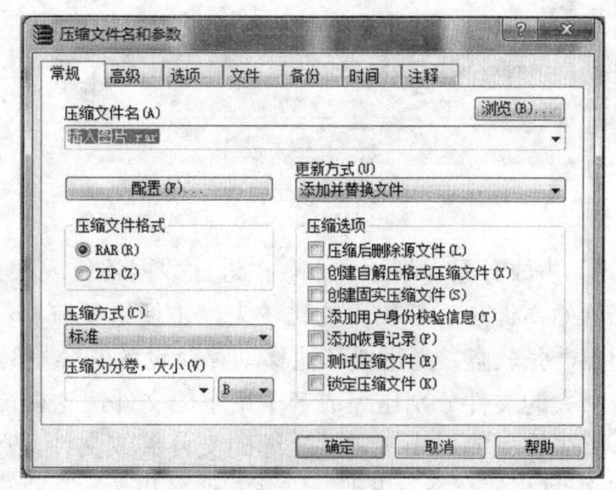

图 4-3　压缩参数设置

② 压缩一个文件夹下的部分文件。如果要对某个文件夹下的一个或数个文件进行压缩打包，则进入该文件夹，按住“Ctrl”键的同时，单击鼠标左键选定所有需要压缩的文件（选定文件的文件名以反色显示）。在选定的文件上单击鼠标右键，同样弹出如图 4-2 所示的选择菜单，随后再进行以上操作。

③ 生成自解压文件。无论是压缩一个文件夹还是一个文件夹下的多个文件，除了用上述的方法生成扩展名为.rar 的压缩文件，还可以生成扩展名为.exe 的自解压文件。如果生成了扩展名为.rar 的压缩文件，则要求今后使用该文件的计算机必须也要安装 RAR 软件；如果生成了扩展名为.exe 的自解压文件，则今后使用该文件的计算机不需要安装 RAR 软件。生成自解压文件按照如下的操作步骤进行。

- 选定要创建自解压文件的文件，单击右键，在弹出的快捷菜单上选择“添加到压缩文件”，打开“压缩文件名和参数”对话框（如图 4-3 所示），然后在“常规”选项卡上选择“创建自解压格式的压缩文件”复选框。
- 切换到“压缩文件名和参数”对话框的“高级”选项卡，如图 4-4 所示。

在该选项卡上单击“自解压选项”打开“高级自解压选项”对话框（见图 4-5）。

- 在“高级自解压选项”对话框上设置自解压文件的各种选项，如解压路径、解压模式、自解压文件的图标等。设置好后，单击“确定”关闭“高级自解压选项”对话框，回到高级选项卡

（见图 4-4）。在该对话框中再次单击“确定”关闭“压缩文件名和参数”对话框，这样 WinRAR 才能为选定的文件创建一个自解压文件。

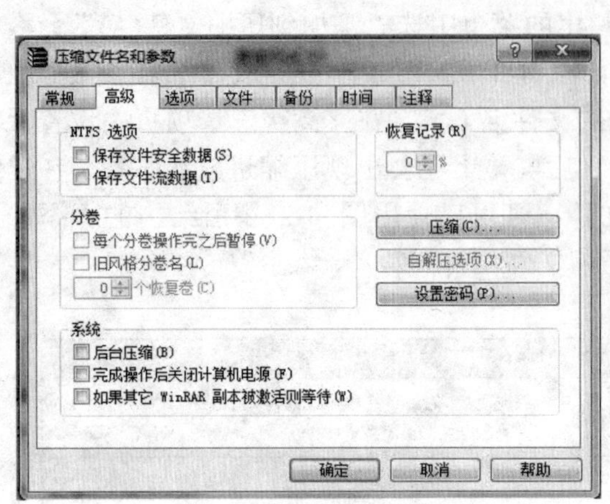

图 4-4　压缩文件高级设置

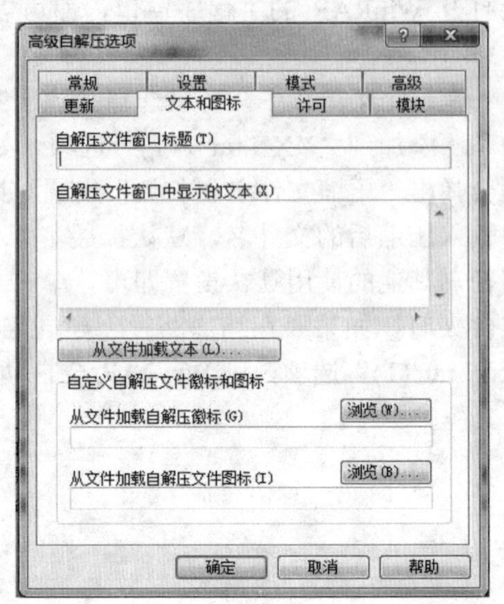

图 4-5　自解压高级设置对话框

④ 生成分卷自解压文件。在进行数据备份或大文件交换时，虽然经过压缩后文件的大小会比原始文件小，但仍可能比较大，不便于复制和保存。尤其是当一个压缩文件的大小可能会超出一张软盘、光盘或其他移动存储设备的容量时，通常采取用压缩软件分卷压缩的办法，将一个大的文件分别压缩成若干个小的文件，这样能方便拷贝和保存。

首先在主界面中选定欲压缩的文件夹或文件，单击鼠标右键，从快捷菜单中选“添加到压缩文件(A)”命令，出现“压缩文件名和参数”对话框（如图 4-3 所示），设定好压缩文件的相关信息。然后从“压缩文件大小、字节”下拉菜单中选择单个卷压缩文件的大小。有多个备选项，也可以输入自己设定的数值。在“压缩选项”选项区内选中“创建自解压格式压缩文件”方式，最后单击“确定”，则开始进行分卷压缩，生成的第一个文件扩展名为.exe，第二个文件扩展名为.r00，第三个为.r01，依此类推。

⑤ rar 格式和 zip 格式。WinRAR 软件不但可以生成 rar 格式的压缩文件，还可以生成 zip 格式的压缩文件。在“压缩文件名和参数”对话框（如图 4-3 所示）中的“压缩文件格式”选项区域内可以选择生成 rar 格式的压缩文件或者是 zip 格式的压缩文件。

（3）解压缩文件。对于使用 WinRAR 压缩的 RAR 压缩文件，双击它就可以使用 WinRAR 进入压缩文件内部，感觉和打开普通文件夹相同。这时的按钮会比选中一般文件多一些，分别为：解压缩至当前文件夹、解压缩至指定文件夹、检测压缩文档、预览文档、删除文档、为压缩文档写备注、生成自解压文件。只需选中文档，再按所需功能的按钮就可以实现，非常简便。

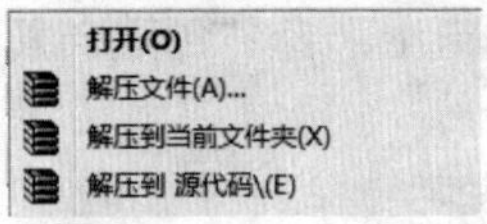

打开(O)
解压文件(A)...
解压到当前文件夹(X)
解压到 源代码\(E)

图 4-6　解压缩选单

WinRAR 也提供了更简单的解压缩方法：使用鼠标右键单击压缩文件，在系统右键菜单中包括了两个 WinRAR 提供的命令（如图 4-6 所示），其中“解压文件(A)…”表示扩展压缩包文件到当前路径，“解压到 XXX\”表示在当前路径下创建与压缩包名字相同的文件夹，然后将压缩包文件扩展到这个路径下，可见无论使用哪个，都是很方便的。

实验 4.2　看图和抓图

4.2.1　实验目的

（1）熟悉常用的查看图片的软件。

（2）熟悉常用的捕获屏幕的方法和软件。

4.2.2　实验内容

（1）使用 Windows 照片查看器。

（2）使用系统截图工具。

4.2.3　实验步骤

（1）使用 Windows 照片查看器。

① 用 Windows 照片查看器打开图片。单击图片，点击鼠标右键—“打开方式”—“Windows 照片查看器”，图片打开界面如图 4-7 所示。

图 4-7　照片查看器

② 使用工具栏。

- 浏览图片：点击 浏览本文件夹下前一张图片，点击 浏览本文件夹下后一张图片。
- 调整图片：点击 ，可将图像调整到适合大小；点击 将图像调整到实际大小；点击 ，可以调整图片缩放比例；点击 顺时针旋转图像 90°；点击 逆时针旋转图像 90°。
- 删除图片：点击 删除图片。

（2）使用系统自带截图工具截图。

① 截取全屏。按键盘上的 PrtSc 键，打开系统自带“画图”软件，按 Ctrl+V（或者在画图区右键选择“粘贴”），即将当前显示器屏幕窗口复制到了画图板中。

② 截取当前窗口。打开要截取的窗口，按 Alt+PrtSc，再粘贴到画图板，即截取当前窗口。

注意：系统自带的截图工具不能截取影视画面，如果要截取影视画面，需要使用专用的截图工具。

（3）使用截屏软件：截图工具。截图工具软件的主要功能是截取屏幕的任何区域、文本抓取、影片中的影像抓取等，同时可以对抓取后的图片进行编辑处理。

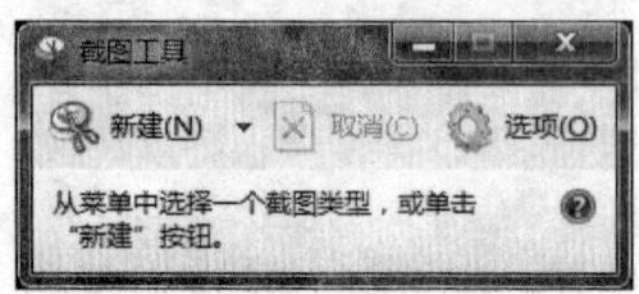

图 4-8

① 打开截图工具。点击“开始”菜单—“所有程序”—“附件”—“截图工具”，即可打开截图工具软件打开截图工具的主界面如图 4-8 所示。

② 抓取图片。点击“新建”，可以看到界面的变化，用户可以任意截取想要截取的画面。

③ 保存图片。单击保存按钮，会弹出“另存为”对话框，用户可以更改保存路径和文件名以及文件类型，默认保存名为“捕获”，如图 4-9 所示。

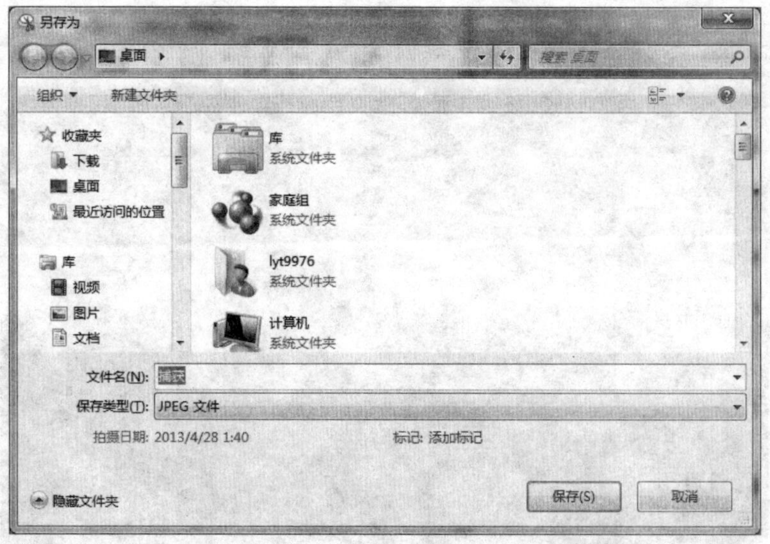

图 4-9　保存文件

实验 4.3　媒体播放

4.3.1　实验目的

（1）熟悉常用的音频播放软件。

（2）熟悉常用的视频播放软件。

4.3.2　实验内容

（1）学习使用音频播放器千千静听。

（2）学习使用视频播放器 Windows Media Player。

（3）学习使用流媒体播放器 PPStream。

4.3.3　实验步骤

4.3.3.1　使用千千静听

（1）安装。双击执行安装文件，一直点击“下一步”，直至安装完成。

（2）打开千千静听。双击桌面的“千千静听”快捷图标，打开界面如图 4-10 所示。界面分为 4 部分：主窗口、列表窗口、歌词秀窗口和均衡器窗口。

① 播放文件。点击主窗口中的“播放文件”按钮来选择要播放的音频文件，点击“打开”即播放该文件。

② 编辑播放列表。在播放列表中，点击+添加可以添加文件、文件夹、网上的 URL 等到播放列表，并且能搜索文件；点击-删除删除文件；点击排序可以对播放列表进行排列。

③ 歌词秀。音乐开始播放时，千千静听便会自动连接网络查找歌词并下载，当找不到歌词时，鼠标在歌词秀窗口下点击右键，选择“在线搜索”，弹出窗口如图 4-11 所示。填写歌手、歌名，点击“搜索”，选择一个搜索到的歌词文件点击“下载”，即将歌词下载下来。

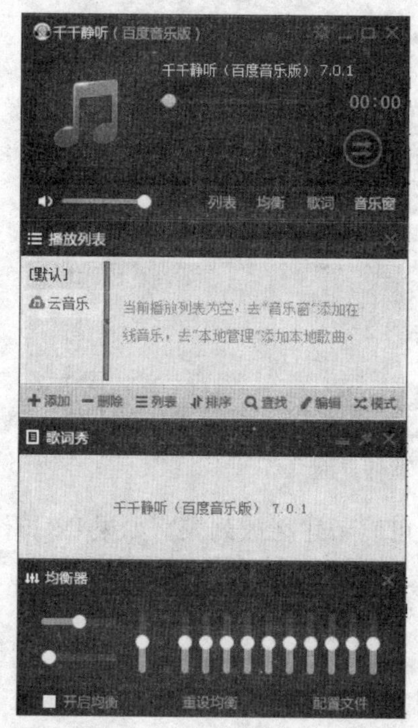

图 4-10　千千静听软件界面

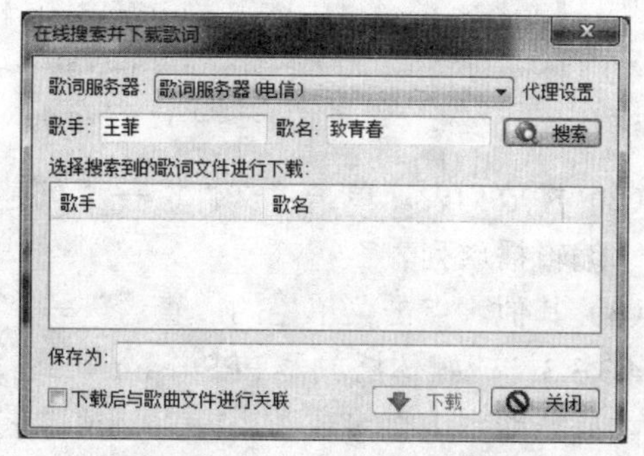

图 4-11　搜索并下载歌词

（3）选项设置。点击标题栏右侧的设置图标，弹出系统设置对话框，打开选项设置对话框如图 4-12 所示。

4.3.3.2　使用 Windows Media Player。Windows Media Player 是系统自带的播放器，在 Windows 系统安装的过程中已经安装。该软件可以播放音频和视频。单击“开始”—“所有程序”—“Windows Media Player”，打开界面如图 4-13 所示。

（1）打开文件。单击“文件”—“打开”，选择文件路径，单击“打开”即打开要播放的文件，还可以选择“打开 URL”打开网络上的文件。

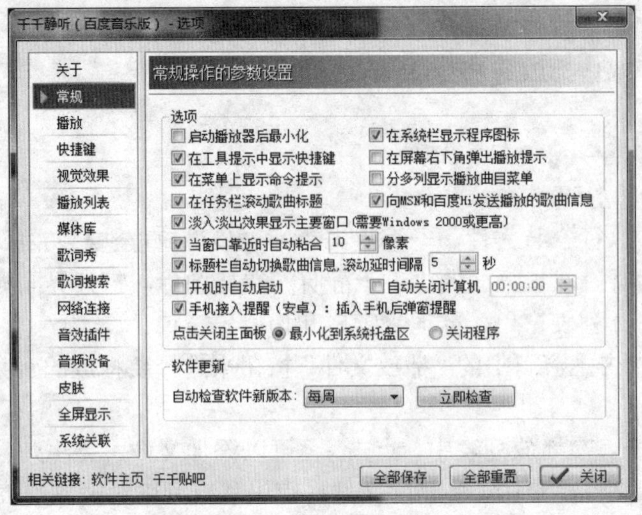

图 4-12　千千静听选项

图 4-13　Windows Media Player 软件界面

（2）播放列表。单击“文件”—“创建播放列表”可以新建播放列表，如果要编辑，则选择“编辑播放列表”。

（3）其他。点击菜单栏的“查看”—“外观选择器”可以设置观看模式和外观。

4.3.3.3　流媒体播放器 PPStream

（1）从网页上直接观看。PPStream 支持直接网页自动安装，并且可以直接在网页上观看网络电视的 P2P 网络电视软件。

① 打开网页。打开 PPStream 官方网页（http://www.ppstream.com/），点击节目在网页观看，如果是初次使用，系统中没有安装 PPStream 软件，网站会跳出对话框提示安装 PPS 网络视频。

② 安装插件。点击安装，直接安装 PPStream 插件，文件很小，稍等即可。再打开网络电视页面，PPStream 就会在后面默默工作，用户可以安心观看精彩的网络电视节目。

③ 观看电视。在左边“频道列表”选择要看的电视台，点击，稍等一会就会自动连接，播放精彩的电视内容了。而最左边的区域是节目表，目前提供的多数电视台的节目表都能查到。

（2）用 PPStream 程序观看。除了最简单的打开网页直接观看以外，PPStream 同样也有安装版程序，提供给用户自由选择使用。

① 安装 PPStream。PPStream 可以在网页上直接观看节目，也可以将安装软件下载，在本机上安装。双击打开安装软件，一直点击“下一步”，直至安装完成。

② 打开 PPStream。双击桌面上的快捷图标打开软件，界面如图 4-14 所示。软件界面和网页上观看几乎相同，清爽易懂，只是多了顶部的菜单，用软件观看，能进行更多设定操作。

图 4-14　PPStream 软件界面

③ 观看节目。在界面左侧有节目的列表，点击“直播”或“点播”，将节目列表展开，点击列表下面的节目，缓冲结束之后可以观看节目。

④ 播放其他文件。点击主界面菜单中的“播放”可以播放本机或网络上的视频。

⑤ 截图。点击菜单栏的“工具”-“截图”，可以截取播放画面中的图像并且保存在硬盘中。

练　习　题

单项选择题

1. 为预防计算机病毒的侵入，应从________方面采取措施。

A. 管理　　B. 技术　　C. 硬件　　D. 管理和技术

2. 计算机病毒是一种________

A. 幻觉　　B. 程序　　C. 生物体　　D. 化学物

3. 目前最好的防病毒软件的作用是________。

A. 检查计算机是否染有病毒，消除已感染的任何病毒

B. 杜绝病毒对计算机的感染

C. 查出计算机已感染的任何病毒，消除其中的一部分

D. 检查计算机是否染有病毒，消除已感染的部分病毒

4. 不能用来存储声音的文件格式是________。

A. .WAV　　B. .AVI　　C. .MID　　D. .MP3

5. WinRAR 是一个强大的压缩文件管理工具。它提供了对 RAR 和 ZIP 文件的完整支持，不能解压________格式文件。

A. CAB　　B. ArP　　C. LZH　　D. ACE

第 5 章 Word 字处理软件

实验 5.1 文档的操作

5.1.1 实验目的

（1）熟悉 Word 的工作界面以及启动、关闭方法。

（2）掌握 Word 文档的建立、输入、打开和保存的方法。

5.1.2 实验内容

（1）创建一个新文档，录入不少于 100 个字符，并至少分为 5 段。

（2）保存编辑的文档。

（3）关闭编辑的文档。

（4）打开一个已经存在的文档。

5.1.3 实验步骤

（1）建立新文档。通过“开始”→“所有程序”→“Microsoft Office Word 2010”菜单项可以启动 Word 2010，Word 2010 主界面如图 5-1 所示。

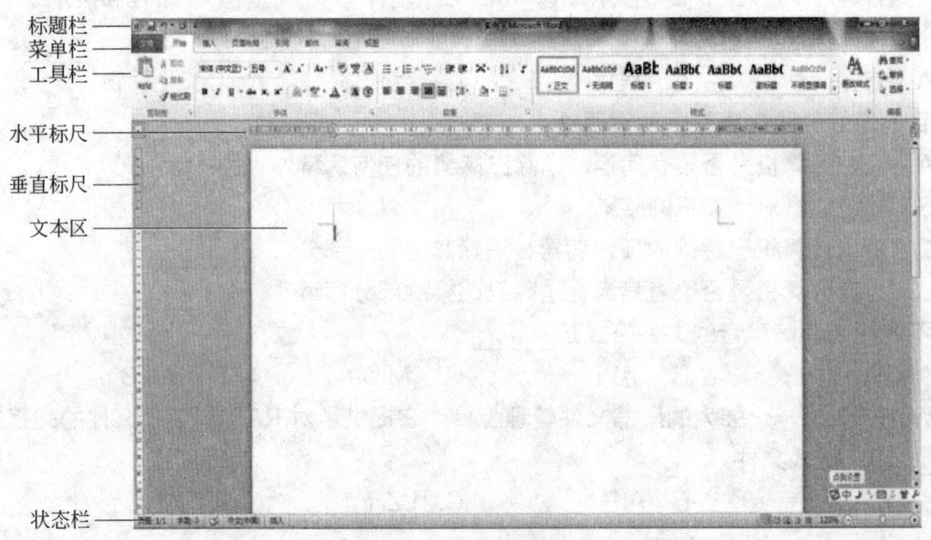

图 5-1 Word 界面

查看 Windows 桌面上是否有“Word”快捷方式，如果有，用鼠标双击该快捷方式按钮同样可以启动 Word。从图中可以看到，在 Word 窗口中有：标题栏、工具栏、水平与垂直标尺、文档编辑区、垂直与水平滚动条、状态栏等。Word 的菜单栏中有 8 个菜单项，每个菜单项中有若干个操作指令。

一个 Word 文档有多种显示方式，其中最常用的就是页面视图模式，可以选择的显示模式包括：普通、web 版式、页面、大纲、阅读版式、草稿或文档缩略图。根据需要，请选择一个适合的显示模式。在窗口底部的右侧有显示模式切换按钮，点击按钮可以直接切换显示模式。

（2）输入文本。在 Word 文档文本区输入文字，注意观察光标所在的位置。光标也称为插入点，显示为闪烁的竖线。当要在某处输入文字或进行其他操作时，要先将光标移动到插入的位置。

换行用 enter 键。用 backspace 键和 delete 键删除已输入的内容。请注意底部状态栏上显示的“插入/改写”状态，用“ins”键可以切换“插入/改写”状态。如果文本的内容超过了当前文本区的显示范围，则会自动出现垂直滚动条。当用垂直滚动条翻至某页时，并不意味着插入点也已到该页。在这种情况下输入文字，则不会插入到当前显示页的位置，而是仍然插入到光标所在位置。

（3）保存文档。在进行文字编辑的过程中，一定要养成及时保存文档的习惯。这样可以避免一些意外事故造成的损失。单击“文件”→“另存为”菜单项，会弹出“另存为”对话框，如图 5-2 所示。

图 5-2　“另存为”对话框

在“保存位置”下拉框中选择自己的文件夹，在“文件名”中输入想要保存的文档名称，然后单击“保存”按钮。请将刚才编辑的文档保存在 C 盘的 practice 文件夹下，文件名为 Word 5-1.doc。如果 C 盘下没有 practice 文件夹，在保存文件对话框的工具栏里点击新建文件夹按钮后可以在 C 盘新建一个文件夹。请注意保存文件的类型选项，一般选择默认格式，也就是 word 文档，除了这种格式外，系统还可以将当前编辑的文档保存为其他格式。单击工具栏的图标也可以直接保存当前文档。

（4）关闭文档。关闭文档的方法有两种：一种方法是点击标题栏最右边的 × 按钮；另一种是选择“文件”→“关闭”菜单项。

文档在关闭前可能是两种情况：一种是在打开后没有修改内容；另一种是文档经过了修改，无论用上述哪种方法关闭文档，如果没有修改文档内容，则直接关闭 Word，如果修改过文档的内容，则关闭前会给出保存文档的提示对话框，需要用户决定是否保存修改后的结果（见图 5-3）。如果选择了“是”，则保存修改后的内容后关闭 Word；选择“否”则不保存修改的内容，直接关闭 Word；选择“取消”则不关闭 Word，返回编辑状态。

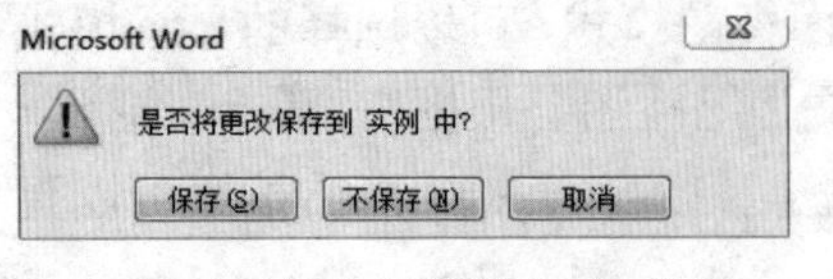

图 5-3 保存文档提示对话框

（5）打开已有的文档。打开一个已经存在的文档有多种方法：

- 方法 1：打开 Word，在“文件”菜单中有“最近所用文件”，如果在其中能找到需要打开的文档，点击文档名即可。
- 方法 2：用 Windows 资源管理器找到要打开的文档，点击鼠标右键选择“打开”或直接用鼠标左键双击文档名都可以打开该文档。
- 方法 3：启动 Word 2010，单击“文件”→“打开”，在“打开”对话框里找到要打开的文档，单击“打开”。

实验 5.2 Word 文档的编辑排版

5.2.1 实验目的

（1）掌握文档的基本编辑方法。

（2）掌握段落格式设置方法。

（3）掌握文档的页面设置方法。

（4）掌握分栏设置的方法。

5.2.2 实验内容

（1）新建或打开一个已经存在的文档，编辑该文档使得文档中不少于 150 字，4 个自然段。

（2）将该文档的标题设置为“文档的编辑与排版”，居中显示；字体为华文楷体，粗体字，字体颜色为红色，字号为 3 号，填充灰色-30%。

（3）将该文档的第一段设定为首字下沉格式，首字字体为黑体，下沉 2 行。

（4）将该文档的第一段设置为：段落左缩进 1 厘米，右缩进 1.5 厘米；固定行距 25 磅，段前 1 行，段后 0.5 行。

（5）将该文档的第二段的第一句话的字体设定为：倾斜，加双下划线。

（6）将第二段设定为分 2 栏，中间有分割线。

（7）给第二段添加段落边框。

（8）第三段前添加项目符号“*”。

（9）复制文档中第一段的第二句话到第三段的第一句话后面。

（10）使用格式刷将第一段的文字格式复制到第三段文字。

（11）将该文档的最后一段设定为：首行缩进 2 字符，右对齐。

（12）设置页面边框：请任选彩色艺术型，宽度 12 磅的图案作为页面边框。

（13）设置页眉：文字内容“Word 帮助”，字体为仿宋体，小五号，居中。

（14）页面设置：上、下、左、右边距均为 2 厘米，页眉 1.5 厘米。

5.2.3　实验步骤

（1）打开文档。启动 Word，编辑文档，要求该文档不少于 150 字，4 个自然段，修改文档并保存。可以去辅助教学系统下载文档 5-2.doc，省去自己编辑文字的步骤。

（2）统计字数。Word 提供了文档中字数统计功能。选择菜单“审阅”→“字数统计”显示当前文本的字数统计结果（见图 5-4）。

（3）设置文档标题格式。按照题目要求设置文档的标题格式应按照如下步骤进行：

① 添加标题文字。在文档的开始添加一个自然段，录入文字“文档的编辑与排版”。

② 选择标题所在的段。有两种方法可以选中标题所在的段：一种方法是在按下鼠标的状态下选择标题文字，选中的文字以反色方式显示；另一种方法是在标题段落左侧空白区，当鼠标显示为指针向右上方的状态时，双击鼠标左键选中该段文字。

③ 设置居中。Word 的格式工具栏可以完成常用的字体和段落的设置内容。

选定段落中的“居中”，设定标题居中显示。

④ 设置字体。在字体工具条中完成字体设置（见图 5-5）。单击工具栏的“字体”下拉条，如图 5-6 所示，在选项中选择“华文楷体”，单击图 5-5 中的“字号”，在下拉条中选择“3 号”；同样，在字体栏中选择“颜色”图标，A选择红色。

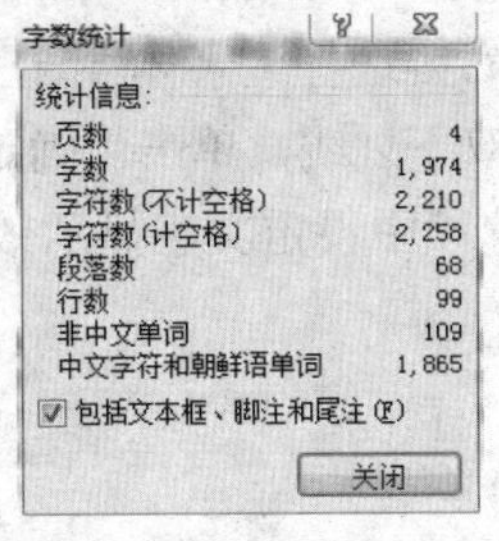

图 5-4　统计字数

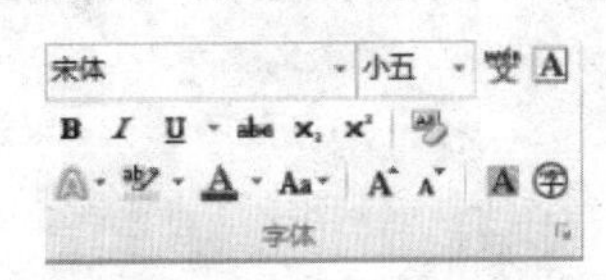

图 5-5　格式工具条

⑤ 底纹设置。单击菜单栏的“页面布局”，在“页面背景”中点击“页面边框”按钮，打开边框和底纹设置对话框，选择“底纹”选项卡（见图 5-7）。在“填充”中选择第一行最右侧一个颜色块，设定为“灰色-30%”，单击确定。

（4）设置段落格式。将光标置于第一段的文字里，单击菜单栏中的“开始”，点击“段落”项右下角的箭头，在“缩进和间距”选项卡中完成段落格式设置（见图 5-8）。在对齐方式选项中选择“左对齐”格式。

- 缩进项设定：段落左缩进 1 厘米，右缩进 1.5 厘米；“特殊格式”选定为“(无)”。
- 间距项设定为：段前 1 行，段后 0.5 行，行距设定为“固定值”，设置值为 25 磅。

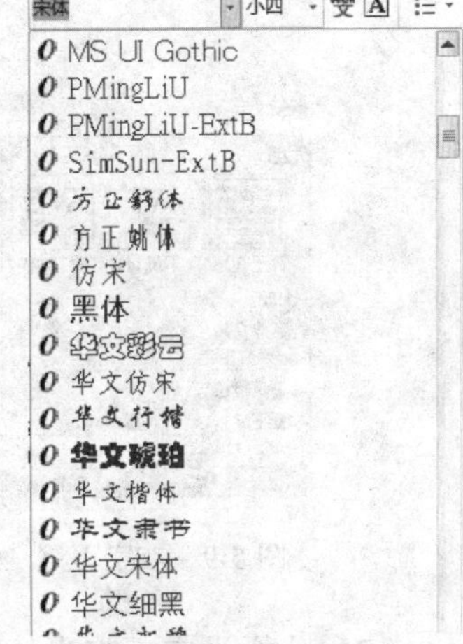

图 5-6　设置字体

（5）首字下沉。将光标置于第一段，点击菜单栏中的“插入”选项，点击文本区的首字下沉按钮（如图 5-9）。选择“下沉”，在字体中选择“黑体”，“下沉行数”选择“2”，单击“确定”。

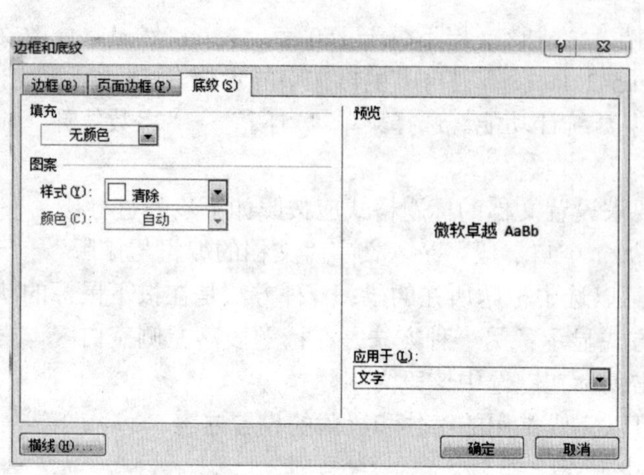

图 5-7 设置底纹

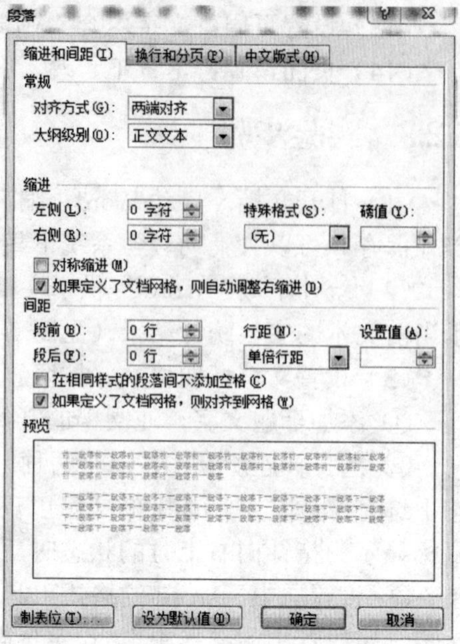

图 5-8 设置段落

（6）复杂的字体设定。在字体工具栏中可以完成基本的文字设定，如果需要设定文字的更多内容，用字体设定对话框完成字体设置。单击菜单栏的“开始”项，点击“字体”选项卡右下角的箭头完成字体设置（见图 5-10）。选择第二段第一句话，右键选择“字体”，在“字体”弹出窗口中单击“字形”中的“倾斜”，在“下划线线型”中选择双下划线，单击“确定”。使用中，还有可能需要设置文字的显示效果，请根据需要在“效果”选项中设定文字显示效果。

图 5-9 首字下沉

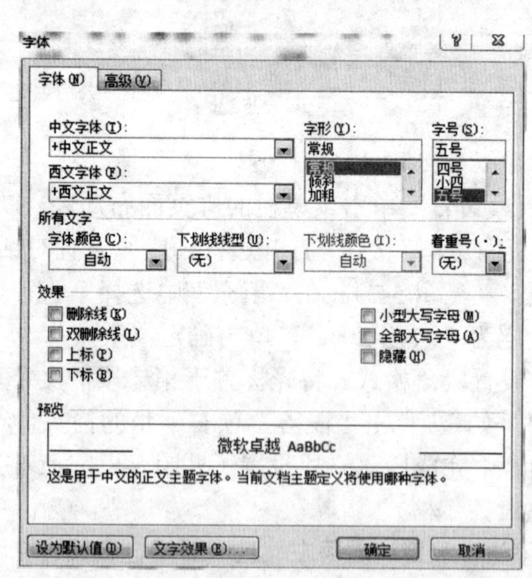

图 5-10 设置字体

（7）分栏设定。将光标放置在第二段的开始处，选择“页面布局”选项卡，点击“页面设置”中的“分栏”，打开分栏设置对话框，如图 5-11 所示。根据题目要求，选择“两栏”模式，选中窗口右侧的“分割线”选项，这样在两栏的中间将会显示一条竖线，将应用选项设定为“插入节点之后”，单击“确定”。这时，文档从第二段开始都分为了两栏，不符合要求。再将光标设置在第三段开始位置，再次打开分栏设置对话框，设定为一栏模式，同样选择应用“插入节点之后”，确定后可以看到，只有第二段分为了两栏。

（8）使用格式刷。选择第一段，单击工具栏的“格式刷”图标，然后选择第三段，松开鼠标，就将第一段的文字格式复制到了第三段。

（9）复制和粘贴。选择第一段的第二句话，右键选择“复制”，或者使用快捷键“Ctrl+C”，将鼠标点到第三段第一句话后面，右键选择“粘贴”，或者使用快捷键“Ctrl+V”即将第一段的第二句话复制到了第三段的第一句话后面。选择最后一段，也就是第四段，右键选择“段落”，在“对齐方式”下拉条中选择“右对齐”，“特殊格式”选定为“首行缩进”，度量值为“2 字符”，单击“确定”。

（10）设置项目符号。将光标点到第三段，右键选择“项目符号”，点击“定义新项目符号”，弹出“定义新项目符号”窗口，单击“字体”，弹出如图 5-12 所示窗口，在“字体”中选择“普通文本”，选择“*”，单击“确定”，在第三段前就添加了项目符号“*”。

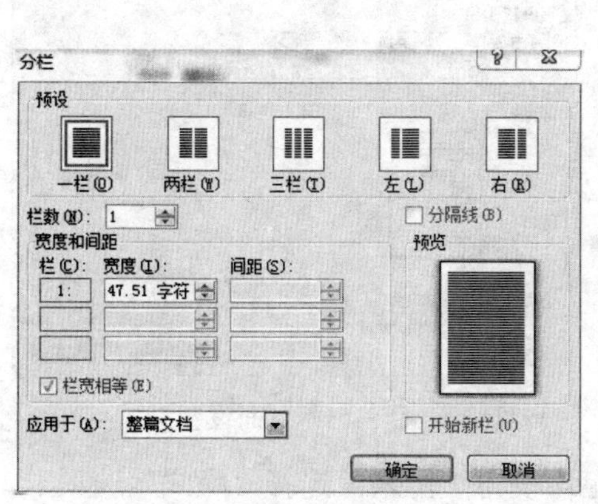

图 5-11　设置分栏

图 5-12　设置符号

（11）设置边框。对文档中的某个文字段落可以添加边框，也可以为文档的整个页面添加边框。

① 设置段落边框。将光标放置在第二段，选择“页面布局”→“页面背景”中的“页面边框”→“边框”，并将“预览”中的“应用于”设为“段落”，如图 5-13 所示，单击“确定”。

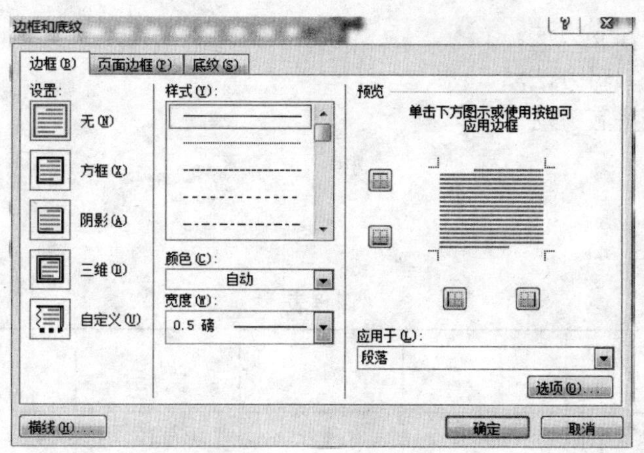

图 5-13　设置边框

② 设置页面边框。将光标放置在第二段，选择“页面布局”→“页面背景”中的“页面边框”→“页面边框”，如图 5-14 所示。在设置栏里选择“方框”格式，在“艺术型”下拉列表中选择任意彩色图案，将“宽度”设置为 12 磅。应用选项设定为“整篇文档”。

（12）插入页眉和页脚。选择“插入”→“页眉和页脚”选项，打开编辑页眉。在编辑区点击工具栏图标☰，使页眉居中，写上“Word 帮助”，将字体设为仿宋体，小五号。

（13）页面设置。选择“页面布局”→“页边距”→“自定义边距”，打开页面设置窗口，查看“页边距”选项卡，设置页面参数（见图 5-15）。

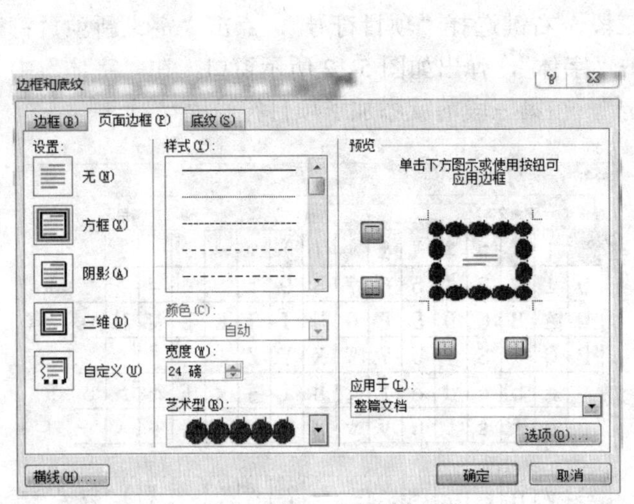

图 5-14　页面边框

图 5-15　页面设置

选择“页边距”选项卡，将上、下、左、右页边距均设为 2 厘米；选择“版式”选项卡，将页眉设为 1.5 厘米，单击“确定”。

实验 5.3　Word 表格制作

5.3.1　实验目的

（1）掌握表格的建立方法。

（2）掌握表格的编辑方法。

（3）掌握表格的排版方法。

5.3.2　实验内容

制作如下的表格：

课程表

星期 / 节		周一	周二	周三	周四	周五
上午	1、2 节	计算机	英语	德育	高数	
	3、4 节	高数		英语	政治	语文

续表

星期 节		周一	周二	周三	周四	周五
下午	5、6 节	英语	体育			口语
	7、8 节					

要求：

（1）参照上表完成表格的制作，除表头以外，表内对齐方式均居中，插入表标题并居中。

（2）表格外围框线为单线 1.5 磅黑色，内部有两条 3 磅黑色的双线框线，底纹为灰色 −15%。

5.3.3　实验步骤

（1）新建表格。建立新表格前首先要确定表格的行数和列数。课程表的初始表格应该设为 5 行 7 列。把光标移动到新建表格的行，建立一个新的表格。点击“插入”→“表格”→“插入表格”，如图 5-16 所示。

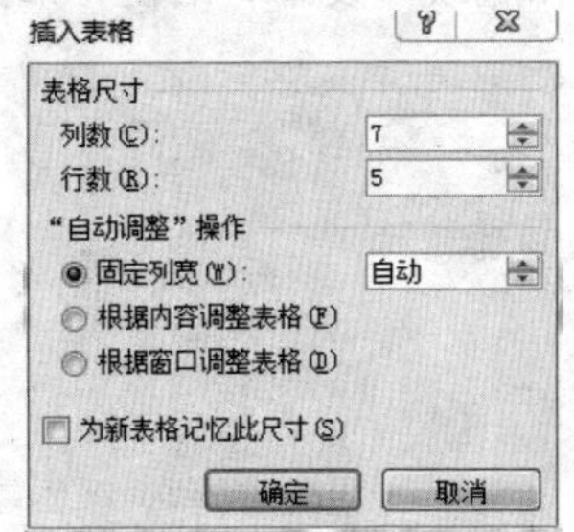

图 5-16　插入表格

如果表格不是处于文档的最开始位置，进行上述操作将在单元格内都增加一个空行，将光标移到表格上方最后的符号，按“enter”增加一行。在表格上方新增的空行里输入表头“课程表”。设置该段的显示模式为：首行无缩进，居中显示。

（2）插入表头。如果在一个新文档中建立表格，则该表格上方没有空行。这种情况下，将光标移动到最左上角的单元格，光标处于该单元格的起始位置，回车操作后将在表格上方插入一个空行。

（3）打开“表格和边框”工具栏。双击已经画出来的表格，可以出现如图 5-17 所示对表格进行操作的按钮。

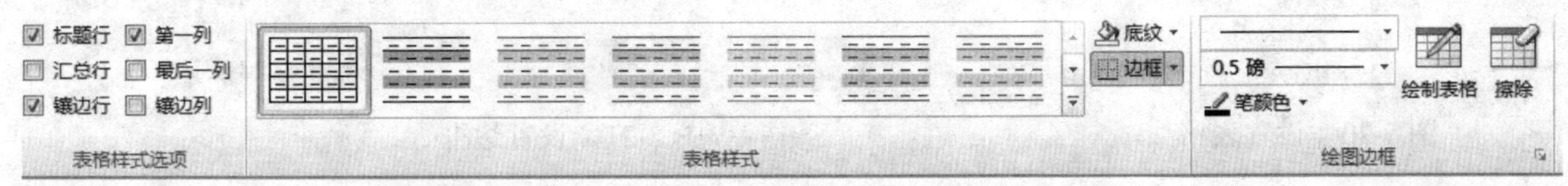

图 5-17　表格和边框工具栏

（4）合并单元格。通过制表指令得到的是一个简单的表格，通过合并单元格可以将该表格整理成需要的任何表格格式。按下左键选中第二行和第三行的第一列，这两个单元格以反色方式显示。点击右键→“合并单元格”，这两个单元格被合并为一个单元格。如果打开了“表格和工具”工具栏，选中两个单元格后，工具栏中的“合并单元格”选项变为可以操作状态，点击该按钮同样可以完成合并单元格的操作（见图 5-18）。

（5）绘制斜线表头。先将表格最左上角的单元格内部都变为两行，点击“插入”→“表格”→“绘制表格”，光标变为铅笔形状，这时从表格最左上方的单元格的两个定点之间绘制一条表格线（见图 5-19）。

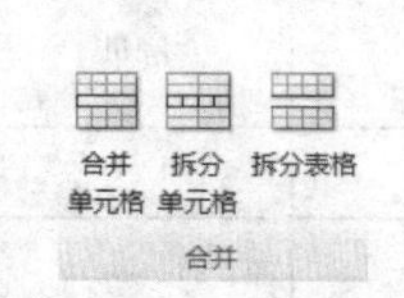

图 5-18　合并单元格按钮

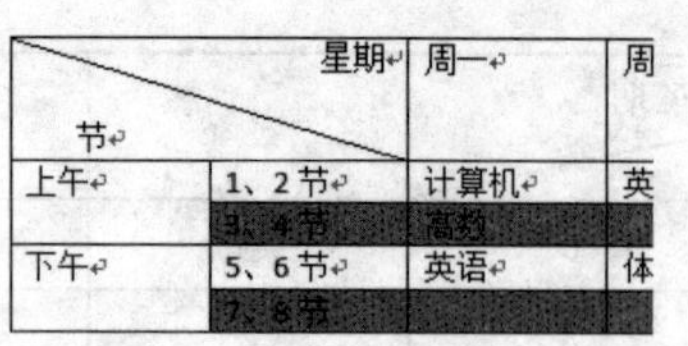

星期 节		周一	周
上午	1、2 节	计算机	英
	3、4 节	高数	
下午	5、6 节	英语	体
	7、8 节		

图 5-19　斜线表头

（6）设置表格线。将鼠标移动到表格内，可以看到在表格的左上角出现了移动空点。鼠标左键单击移动控件，整个表格反相显示，表示表格被选中。这种情况下有 3 种方法绘制表格线。

- 方法 1：选定表格的全部内容后，使用“表格和边框”工具绘制表格的边框（见图 5-20）。设置好线型和粗细后，点击边框设置按钮右侧的箭头，显示需要设置的表格边框线的位置，选定后完成表格边框线的设置。
- 方法 2：在表格内点击鼠标右键，在弹出的菜单中选择“边框和底纹”选项，打开“边框和底纹”设置对话框（如图 5-21 所示）。

图 5-20　设置表格线

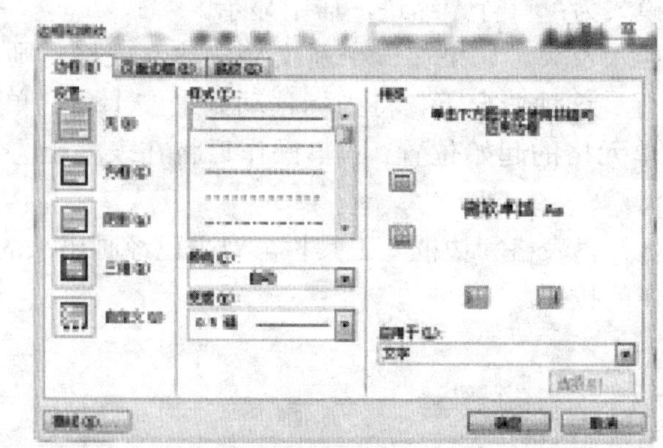

图 5-21　设置边框

设置为“网格”模式，选择线的宽度为 1.5 磅，注意右侧预览的效果，如果不是需要的表格边框，可以使用预览周围的 8 个小按钮控制显示/隐藏某一条网格线，那么选定的线型对显示的网格线有效。

- 方法 3：在“表格和边框”工具栏中选定表格边框线的线型和粗细后，点击“绘制表格”，光标变为铅笔形状，这时用该铅笔将需要重新绘制的表格线重新描一次。

（7）设置底纹。选定表格第三行中有底纹设置要求的单元格。在“底纹”选项卡中（如图 5-22），设置填充为“灰色-15%”，完成设定。

（8）编辑文字。按照要求输入文字。通过移动控点选定整个表格，选择“段落”选项打开段落设置对话框。设定段落格式为：首行无缩进，行距选择“固定值”24 磅。在“表格和边框”工具栏中设定单元格的文字格式为“中部居中”格式（见图 5-23）。将光标设置在左上角的单元格中，该单元格中有两段文字，第一段设定为右对齐格式，第二段设定为左对齐格式。请练习制作如下的表格。

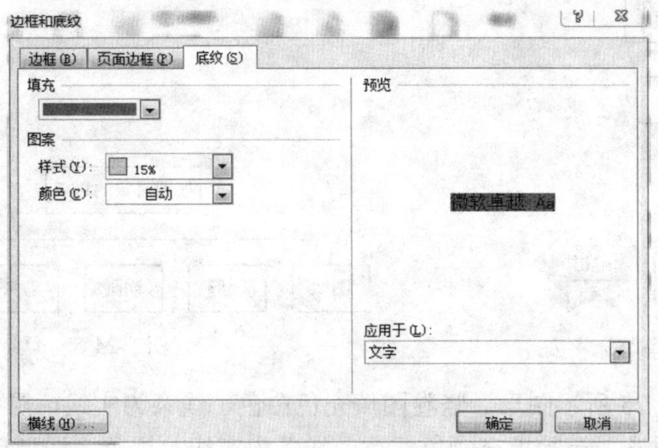

图 5-22　设置底纹

个人简历表

姓名		性别		出生日期		
民族		文化程度		政治面貌		
婚姻状况		身高		体重		
联系地址				邮政编码		
联系电话				E-mail		

要求：

（1）表内文字居中，分散对齐。

（2）插入表标题，居中、宋体、四号、加粗显示。

（3）外围框线为单线、3 磅、紫罗兰色，内部框线为 1 磅、黑色，底纹为灰色−15%。

实验 5.4　Word 图文混排

5.4.1　实验目的

（1）掌握插入与编辑图片的方法。

（2）掌握插入与设置艺术字的方法。

（3）掌握文本框的使用。

（4）掌握使用组织结构图和绘制流程图的方法。

（5）掌握自选图形的绘制与编辑方法。

5.4.2　实验内容

（1）在文档中插入一个图片或剪贴画，版式设置为“四周型”。

（2）绘制如图 5-23 所示的流程图，填充色白色，线条为实线，黑色，线型单线，粗细 0.75 磅，文字居中；小箭头为实线，黑色，线型单线，粗细 1.5 磅；大箭头为右箭头，填充颜色为红色，线条为实线，红色，线型单线，粗细 1 磅，文字右对齐。

（3）制作如图 5-24 所示组织结构图，填充色白色，线条为实线，黑色，线型单线，粗细

2.25 磅，文字居中；直线为实线，黑色，线型单线，粗细 0.75 磅。

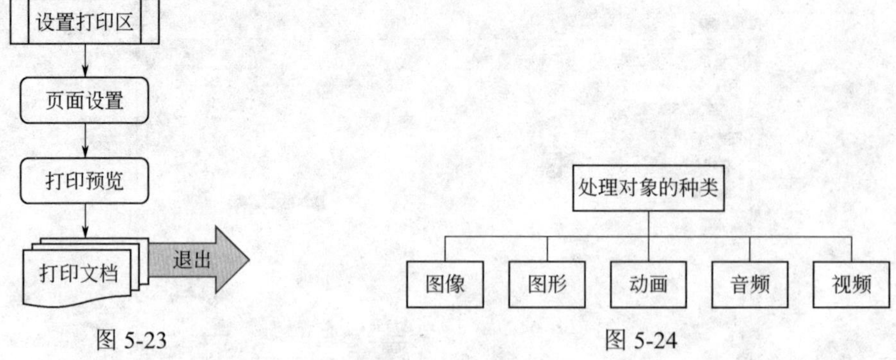

图 5-23　　图 5-24

（4）制作如图 5-25 所示图形。竖卷图填充色白色，线条为实线，黑色，线型单线，粗细 0.75 磅，文字两端对齐；笑脸填充颜色浅黄，线条为实线，黑色，线型单线，粗细 0.75 磅；云型标注填充颜色粉红，线条为实线，黑色，线型单线，粗细 0.75 磅，文字居中。

图 5-25

5.4.3　实验步骤

（1）打开文档。启动 Word，打开一个文档或编辑一个新文档。可以去辅助教学系统下载文档 5-4.doc，省去自己编辑文字的步骤。

（2）在文档中插入图片或剪贴画。将光标置于文档中，点击“插入”→“图片”，如图 5-26 所示。选定图片后，点击“插入”按钮将该图片插入到光标所在的位置。

图 5-26　插入图片

右键单击该图片，选择“自动换行”，在出现的对话框中选择“四周型”，如图 5-27 所示。

（3）画流程图。画题目要求的流程图步骤如下：

① 点击菜单栏的“插入”→“形状”，双击流程图中的□，在想要插入该图形的地方点住鼠标左键不放，拖动鼠标，画出该图形。将鼠标放在□上，待鼠标变成十字箭头形状，即可以拖动该图形，将□拖到合适位置并调整大小（单击该图形，用鼠标按下图形边角处的双向箭头可以调整该图形大小）。右键单击图形，选择“设置形状格式”对话框（如图 5-28 所示），依次点击“填充”、“线条颜色”、“线型”选项卡，完成对图形颜色与线条的设置。

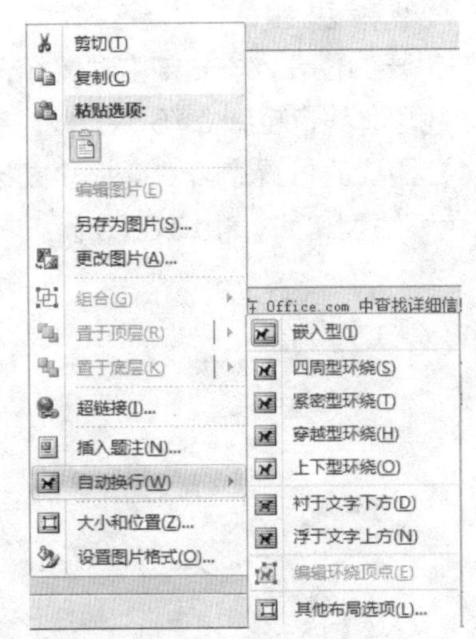

图 5-27　设置图片版式

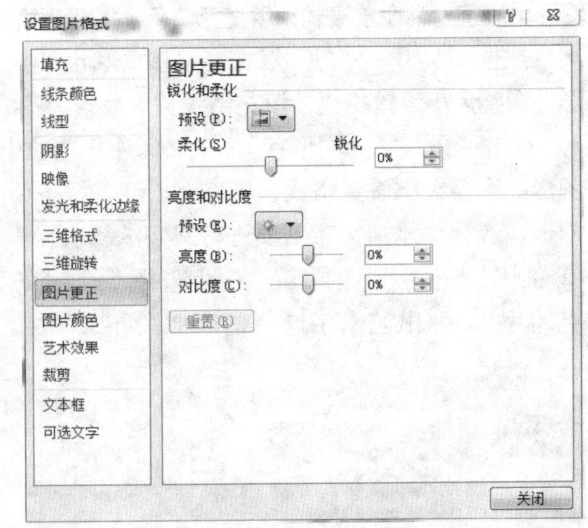

图 5-28　图形格式设置

填充颜色为白色，线条为实线，黑色，线型单线，粗细 0.75 磅。选中□，右键选择“添加文字”选项，添加文字内容“设置打印区”，调整段落设置为：首行无缩进，单倍行距，段落居中。

② 选择“插入”→“形状”，在流程图中选择□，调整大小，位置，设置颜色与线条和□类似，参照步骤①完成设置。同样的，选择□，完成题目要求的设置。

③ 添加小箭头。点击“插入”→“形状”中的↘，将鼠标移到文本区合适位置，点击拖动鼠标，即可画出小箭头，并调整长短。右键点击箭头，选择“图形格式设置”，完成设置。线条为直线，黑色，线型单线，粗细 1.5 磅。

④ 添加大箭头。在形状中选择⇨，将大箭头拖到合适的位置，右键点击大箭头，选择“设置图形格式”，填充颜色红色，线条为实线，红色，线型单线，粗细 1 磅，文字右对齐。

（4）制作组织结构图。

① 将鼠标移动到最后，插入一个新的段落。在菜单中选择“插入”→“SmartArt”菜单项，插入如图 5-29 所示结构图。用鼠标拖动边角能够调整大小。

② 左键点击结构图，出现□时点击□，出现如图 5-30 所示文本框，在其中输入需要的文字。

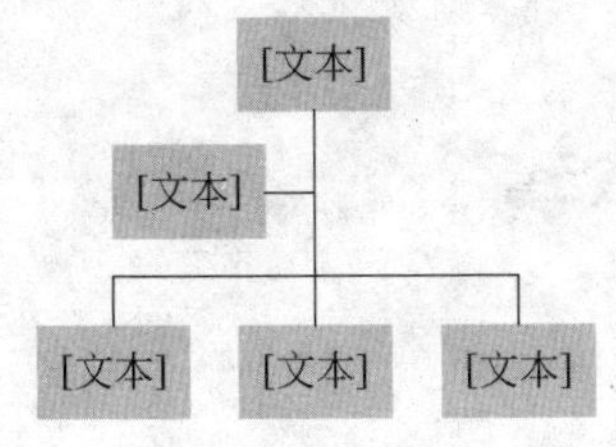

图 5-29　添加组织结构图

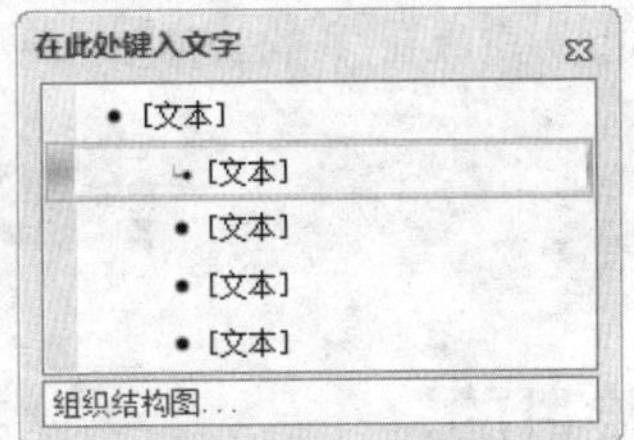

图 5-30　输入文本框

③ 设置方框格式。将鼠标移到最上面方框边缘，待光标变成十字箭头，右键单击，选择“设置对象格式”选项，如图 5-31 所示。颜色为黑色，线条为实线，线型单线，粗细 2.25 磅，文字居中；直线为实线，黑色，线型单线，粗细 0.75 磅。

④ 按照步骤③，依次设置第二排的方框。

（5）制作图形。

① 选择图形

- 点击“插入”→“形状”，在星与旗帜选项选择竖卷形，在需要的位置点击左键拖动鼠标，画出图形。调整大小设置格式，填充色白色，线条为实线，黑色，线型单线，粗细 0.75 磅。
- 点击“插入”→“形状”，在“基本形状”中选择☺，在需要的位置点击左键拖动鼠标，画出图形。调整大小设置格式，填充色浅黄，线条为实线，黑色，线型单线，粗细 0.75 磅。
- 点击“插入”→“形状”，在“标注”选项中选择，在需要的位置点击左键拖动鼠标，画出图形。调整大小设置格式，填充色粉红，线条为实线，黑色，线型单线，粗细 0.75 磅。右键点击图形，选择“添加文字”项进行文字编辑。

② 制作艺术字。选择，右键选择“添加文字”，先写入“回忆录”，然后点击“插入”→“艺术字”，弹出艺术字选择框，如图 5-32 所示。

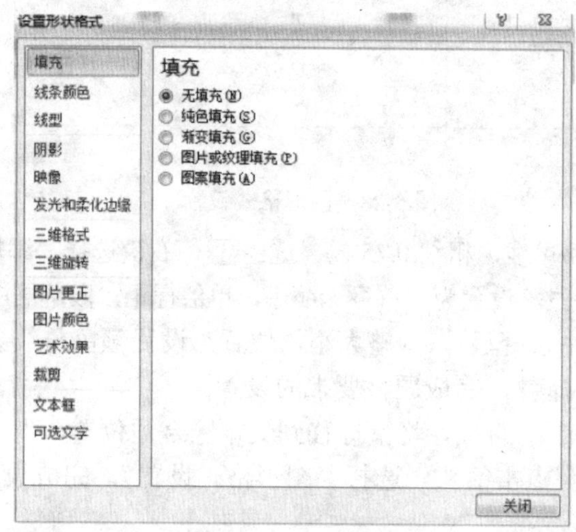

图 5-31 设置形状格式

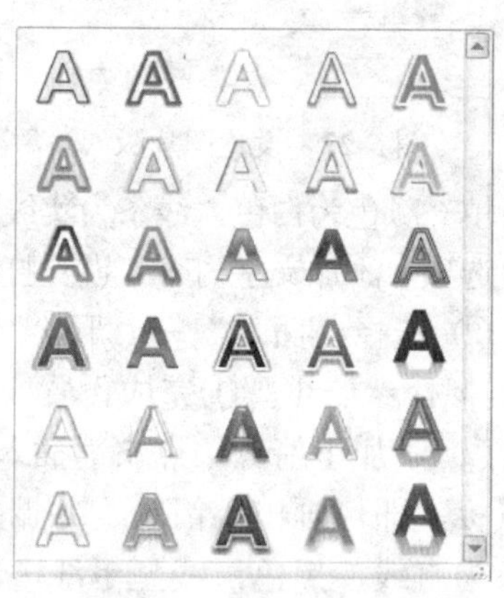

图 5-32 艺术字选择框

选择需要的样式，出现如图 5-33 所示文字对话框，写入题目要求的文字。

请在此放置您的文字

图 5-33 编辑艺术字

艺术字设置完成后，如果需要修改艺术字的设置，用鼠标左键点击“艺术字”，则在插入的艺术字外围有 8 个尺寸控点和 1 个调整控点，同时出现艺术字工具栏。拖动尺寸控点可以改变艺术字的尺寸，用艺术字工具栏上的按钮可以完成更多的设置。

实验 5.5 编排公式

5.5.1 实验目的

掌握公式编辑器的使用方法。

5.5.2　实验内容

（1）编写如下的公式：$\lim\limits_{n\to\infty}\dfrac{\sqrt{2\pi n}\left(\dfrac{n}{e}\right)^{n}}{n!}$。

（2）编写如下的公式：求曲线自 t=0 到 $t=\dfrac{\pi}{2}$ 一段弧的长度。

5.5.3　实验步骤

首先将光标设置在需要插入公式的位置。

（1）打开“公式”工具栏。编辑公式必须打开“公式”工具栏，有两种方法打开公式工具栏。

① 在菜单栏中显示“公式编辑器”。点击“插入”→“公式”→“插入新公式”选项，出现公式对话框，双击该对话框，工具栏变为如图 5-34 所示。

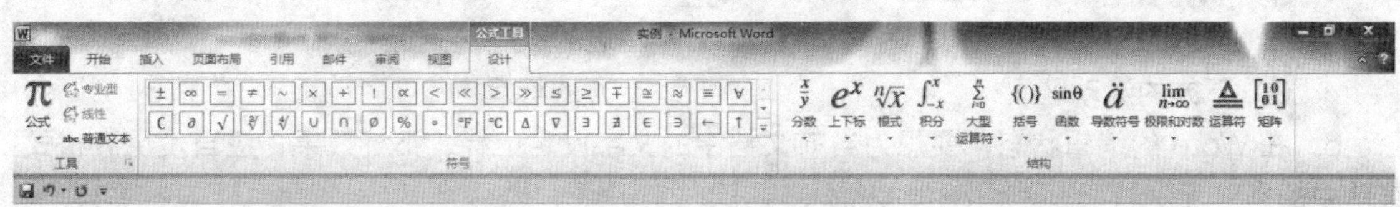

图 5-34　公式工具栏

② 选择“插入”→“对象”选项，显示插入对象对话框（见图 5-35）。在对象清单中选择“Microsoft 公式 3.0”选项后，同样显示公式编辑器工具栏。

图 5-35　插入公式对象

（2）输入公式。

① 插入公式操作 1。在公式窗口中点击 $\lim\limits_{n\to\infty}$ 图标，选择题目相应选项，在下标框中输入 $n\to\infty$，点击结构中的“分数”选项，选择，再选中上标框，点击“结构”中的“根式”选项，在输入框中输入 2 再选择“希腊字母”图标中的图标，光标右移输入 n，选择“结构”中的括号选项，选择其中的图标，在提示框内插入，分子分母分别输入 n 和 e，光标右移，再选择“结构”中的“上下标”选项，选择图标，在提示框内输入 n，在总体分式的下标框内输入“$n!$”，即可完成。

公式 $\lim\limits_{n\to\infty}\dfrac{\sqrt{2\pi n}\left(\dfrac{n}{e}\right)^{n}}{n!}$ 编写完成。

② 插入公式操作 2。求曲线自 t=0 到 $t=\dfrac{\pi}{2}$ 一段弧的长度。

在“结构”中选择“括号”选项，选择图标，上结构中填写“x=”后再选择分别输入“e”、“t”，然后光标右移输入“sin$t$”，下结构中按同样不在填写，即可得到，然后光标右移，写上“自 t=0 到 t=一段弧的长度”，其中“”的录入使用分数模板即可。

练 习 题

一、单项选择题

1. 在 Word 中，使用“菜单”的“另存为”命令保存文件时，不可以________。
   A. 将新保存的文件覆盖原有的文件　　B. 修改文件原来的扩展名 DOC
   C. 将文件保存为无格式的文本文件　　D. 将文件存放到非当前驱动器中
2. 将文档中一部分内容复制到其他位置，首先要进行的操作是________。
   A. 复制　　B. 粘贴
   C. 选定　　D. 剪切
3. 合并表格单元格操作，应在________下拉菜单中选择相应的命令。
   A. 编辑　　B. 格式　　C. 工具　　D. 表格
4. Word 中，被连接的对象必须是一个________。
   A. 图形　　B. 文本　　C. 磁盘文件　　D. 文件的一部分
5. 在 Word 操作中，鼠标指针位于文本区________时，将变成指向右上方的箭头。
   A. 右边的文本选定区　　B. 左边的文本选定区
   C. 下方的滚动区　　D. 上方的标尺
6. 在 Word 的编辑状态，要想为当前文档中的文字设定上标、下标效果，应当使用“格式”菜单中的________。
   A.“字体”命令　　B.“段落”命令　　C.“分栏”命令　　D.“样式”命令
7. 选择一段文本最快的方法是________。
   A. 双击该段的任意位置
   B. 鼠标指针在该段左侧变为右向箭头时双击。
   C. 鼠标指针在该段左侧变为右向箭头时单击。
   D. 鼠标指针在该段左侧变为右向箭头时连击 3 下。
8. 在 Word 主窗口的标题栏右边，可以同时显示的按钮是________。
   A. 最小化、还原和最大化　　B. 还原和最大化和关闭
   C. 最小化、还原和关闭　　D. 还原和最大化
9. 在 Word 文档中，每个段落都有自己的段落标记，段落标记的位置在________。
   A. 段落的起始位置　　B. 段落的中间位置
   C. 段落的尾部　　D. 每行的行尾
10. 在屏幕上已建立了一个表格，用鼠标拖动其中的一条栏间隔线，表示________。
    A. 移动该条线而其他表格线都不动
    B. 它往左边平移，右边的栏间隔线都不动
    C. 它往右边平移，左边的栏间隔线都不动
    D. 以上答案都对
11. 在使用 Word 编辑文本时，可以插入图片，以下方法中不正确的是________。
    A. 直接利用绘图工具绘制图形
    B. 使用“文件”菜单“打开”命令，选择某图形文件名
    C. 使用“插入”菜单“图片”命令，选择某图形文件名
    D. 利用剪切板，将其他图形复制、粘贴到所需文档中

12. Word 中显示有节号、页数、总页数等信息的是________。

A. 常用工具栏　　B. 菜单　　C. 格式栏　　D. 状态栏

13. 已有的文档进行编辑修改后，执行“文件”菜单中的________既可保留修改前文档，又可得到修改后的文档。

A.“保存”命令　　B.“关闭”命令

C.“另存为”命令　　D.“全部保存”命令

二、操作题

1. 请按以下要求对 Word 文档进行编辑和排版：

（1）文字要求：不少于 150 个汉字，至少 3 个自然段，内容不限。

（2）将文章正文各段的字体设置为仿宋体，小四号，两端对齐，各段行间距为 1.5 倍。

（3）找一副剪贴画或图片插到文档中，且剪贴画或图片衬于文字之下。

（4）设置页眉：关于 Word 帮助，六号字，居中。

2. 将现有文档按以下要求进行编辑和排版：

（1）给文字加标题“生物计算机”，并将标题的文字设为二号，居中显示。在文档当中插入一幅剪贴画或图片，设置版式为“紧密型”。

（2）将正文（标题除外）中的“计算机”全部改为“COMPUTER”。

（3）以居中格式在文档底插入页码，起始页码为 2。给标题加上 20%的底纹（应用于文字）。

（4）任选一段加项目符号*（Times New Roman 字体中的符号）。给第三段中的第一句话加上着重号。

（5）最后一段文字分两栏（中间有分割线）。

第 6 章 Excel 电子表格软件

实验 6.1 Excel 基本操作

6.1.1 实验目的

（1）掌握 Excel 工作簿的建立方法。
（2）掌握工作表的插入、复制、移动、删除和重命名方法。
（3）掌握工作表中数据的输入方法。
（4）掌握数据的编辑修改方法。
（5）掌握 Excel 工作表的格式化方法。

6.1.2 实验内容

（1）认识 Excel 窗口，观察不同区域鼠标显示的形状。
（2）创建一个工作簿。
（3）掌握工作表的插入、复制、移动、删除和重命名方法。
（4）在工作表中输入、编辑和修改工作表的数据。
（5）使用数据填充柄。
（6）设定单元格的格式，设定单元格数据有效性。
（7）格式化工作表。

6.1.3 实验步骤

（1）工作薄的建立、保存与打开。

① 启动 Excel，系统会自动创建一个工作簿文件“工作簿 1”（见图 6-1）。

② 在当前工作表 Sheet1 的 A1 单元格输入任意内容，如“小明”。

③ 选择“文件”菜单中的“保存”或“另存为”，或单击“常用”工具栏上的“保存”按钮，打开“另存为”对话框。

④ 在“保存位置”下拉列表框中选择“D:”盘，在文件名一栏中输入“Test”，选择保存文件的类型为“Microsoft Office Excel 工作簿（.xls）”格式，单击“保存”按钮。

⑤ 利用菜单栏中的“文件”→“打开”，选择要打开的工作簿，即可打开。

（2）向工作表中输入数据与修改数据。

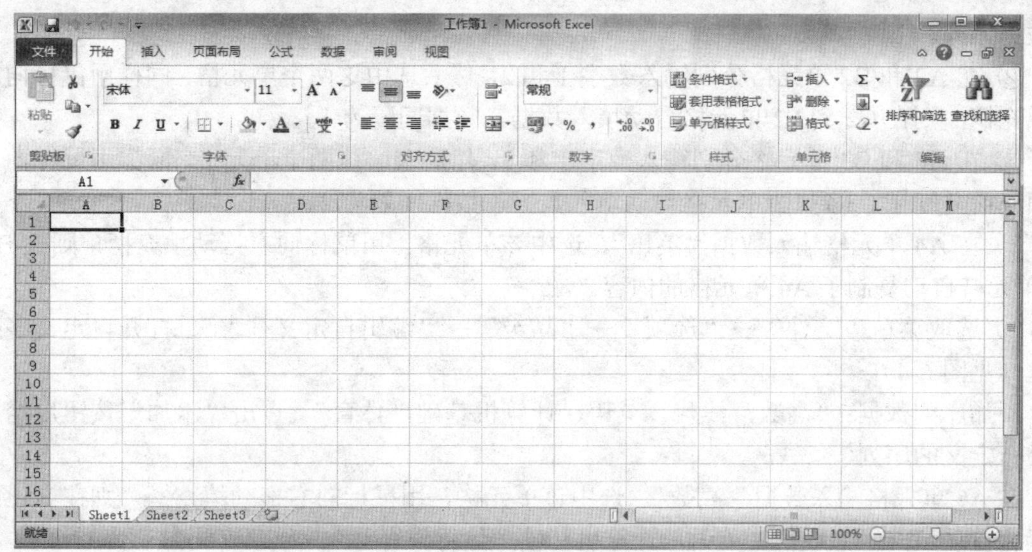

图 6-1　Excel 软件窗口界面

① 新建一个工作簿文件“工作簿 1.xls”，当前工作表为 Sheet1。

② 在 Sheet1 中输入下表的内容（见图 6-2）。

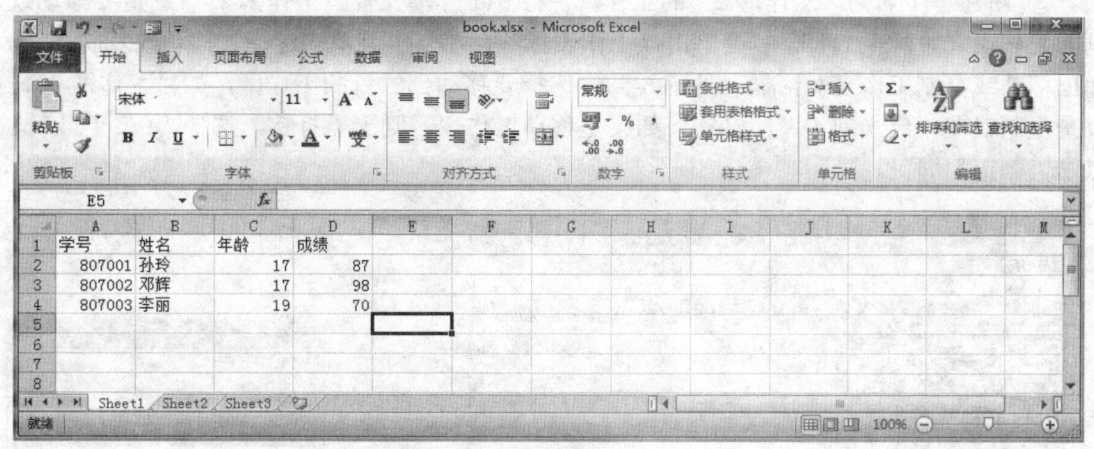

图 6-2　表中输入数据

如果要修改表中的内容，可以选中要修改的单元格，直接输入内容就可实现内容的替换，或者选中单元格按“Del”键进行清空，再进行填写。

（3）输入序列数据。在一个工作表中输入如下的数据：

	A	B	C	D	E
1	星期一	星期二	星期三	星期四	星期五
2	1	2	3	4	5
3	1	3	5	7	9
4	英语	英语	英语	英语	英语
5	高数	线代	英语	计算机基础	体育

注意：这里要求输入相同的数据或有序的数据，可以使用填充柄，提高工作效率。

① 在 A1 单元格中输入“星期一”后，选中 A1 单元格，则该单元格显示为如图 6-3 所示。可以看到这个单元格外围黑色边框右下角的小方块就是填充柄。当鼠标移动到填充柄上时，鼠标指针由空心十字变成实心十字，按住鼠标左键向右拖动，则会在下面的单元格中依次填

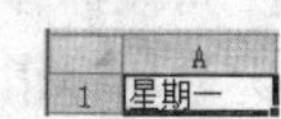

图 6-3　编辑单元格

入数据序列。

② 在 A2 和 B2 单元格分别输入数字 1 和 2，然后选中这两个单元格，同样用鼠标向右拖动填充柄，则在 C2 到 E2 单元格自动填入数据，数据间隔为 1。

③ 在 A3 和 B3 单元格分别输入数字 1 和 3，然后选中这两个单元格，同样用鼠标向右拖动填充柄，则在 C3 到 E3 单元格自动填入数据，数据间隔为 2。

④ 在 A4 单元格输入数据“英语”，选中该单元格，用鼠标向右拖动填充柄，则在 B4 到 E4 单元格自动复制了 A4 单元格的内容。

⑤ 选取菜单“文件”→“选项”→“高级”→“编辑自定义列表”，打开自定义序列对话框（见图 6-4）。

添加序列数据：“高数，线代，英语，计算机基础，体育”。点击“添加”按钮后增加了一个自定义的序列。

在 A5 单元格输入数据“高数”，选中该单元格，用鼠标向右拖动填充柄，则在 B5 到 E5 单元格自动填充了“线代，英语，计算机基础，体育”。

（4）插入、复制、移动、删除和重命名工作表。

① 右键单击任一工作表标签，在弹出菜单中选择“插入”→“工作表”，点击“确定”，即可实现对工作表的插入。

② 新建一个名为“工作簿 2”的工作簿，打开工作簿文件“工作簿 1”，选定要移动或复制的工作表，如“Sheet1”，右键单击该工作表标签，在弹出菜单中选择“移动或复制工作表”弹出移动或复制工作表对话框（见图 6-5），选择要移动到的目的工作簿，如“工作簿 2”，如果是复制就在“建立副本”前打钩，如果是移动工作表，则无需打钩。选择“(移至最后)”，点击“确定”即可。

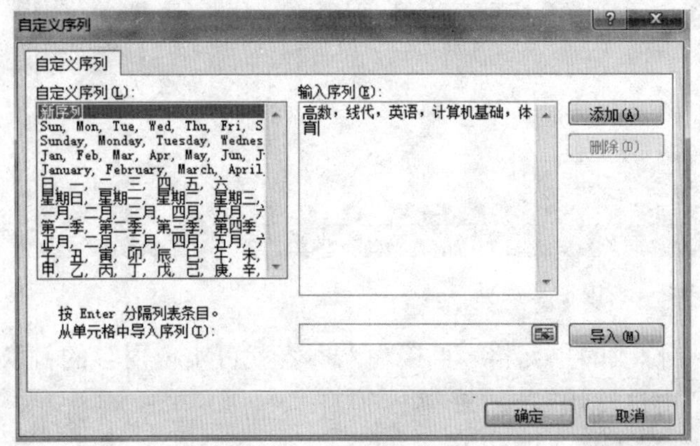

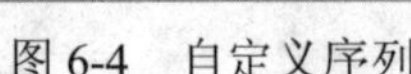
图 6-4　自定义序列

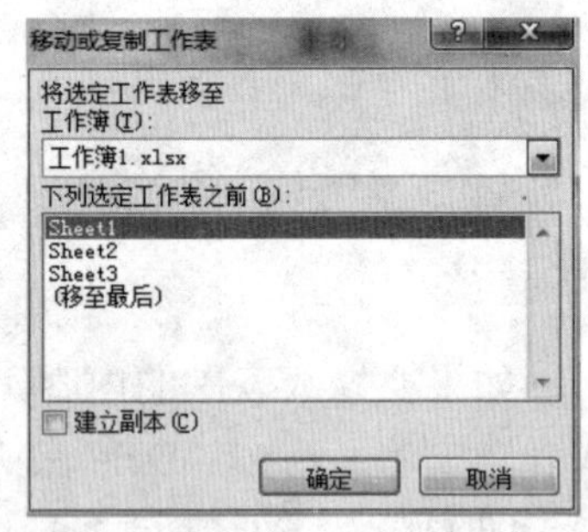

图 6-5　移动工作表

③ 如果要删除多余的工作表，右键单击该工作表标签，在弹出菜单中选择“删除”。

④ 如果需要对工作表重命名，可右键单击需要重命名的工作表标签，选择弹出菜单中的“重命名”后直接录入新表名即可。

（5）改变列宽和行高。利用鼠标，将 A1 列的宽度缩小。

① 将鼠标移至在 A1 列的右边界。

② 当鼠标指针变成一个左右方向各带箭头的十字时，拖动该边界向左至所需位置。

注意： 也可以使用“开始”→“单元格”→“格式”菜单下的“列宽”、“行高”命令，在相应的“列宽”、“行高”对话框中直接输入所需的精确值。

（6）设置单元格格式。根据单元格的数据内容不同，可以设定用不同的格式显示。建立如下所示的数据表。

	A	B	C	D	E	F	G
1	工号	姓名	出生日期	基本工资	业务工资	水电费	房租
2	1001	孙玲	1990/2/10	500	238	2.67	34.8
3	1002	王红	1990/3/4	499.5	310	3.19	29.78
4	1003	李博	1990/8/3	512.5	290	2.89	40
5	1004	赵静	1990/7/15	508.5	298	3.04	38.9

可以去辅助教学系统下载表格，省去自己创建表格的步骤。

① 设置小数点位数。选择 D2 至 G5 单元区域，可以用两种方法将“办公室人员工资情况表”中的数字设置成保留两位小数。

- 方法一：设置单元格格式。

选择“开始”→“单元格”→“格式”菜单中的“设置单元格格式”命令，出现“设置单元格格式”对话框。选择“数字”选项卡。在“数字”选项卡的“分类”列表中选择“数值”项，在“小数点后位数”框中选择 2，确认即可（见图 6-6）。

- 方法二：单击工具栏中的“增加小数点”按钮 2 次即可。

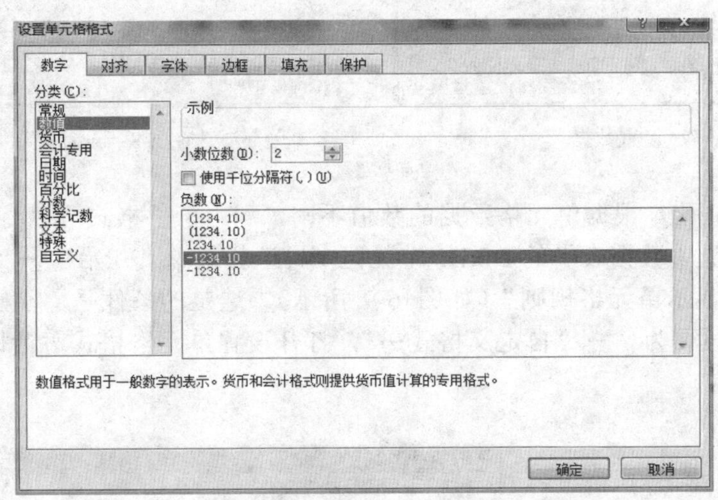

图 6-6　设置单元格格式

② 设置日期格式。通过改变单元格的日期设置，可以将“办公室人员工资情况表”中 C2 单元格内容“1990-2-10”的日期格式改为“一九九 O 年二月十日”的显示格式。

选中 C2 到 C5 单元格后，选择“开始”→“单元格”→“格式”菜单中的“设置单元格格式”命令，出现“设置单元格格式”对话框，选定“数字”标签，在“数字”选项卡的“分类”列表中选择“日期”，在“类型”框中选择“二 OO 一年三月十四日” 的日期格式，确认即可。

注意： 数据格式包括货币格式、百分比格式、千位分隔格式等，格式工具栏中也有相应的命令按钮来设置数字格式。在改变数字格式时，有些单元内可能显示一串符号“#”，说明列宽不够长，无法显示整个数字，可通过调整列宽来显示整个数字串。

③ 设置数据有效性。在业务工资栏的数据区域 E2:E5，要求输入的是整数，并且数值

应该在 0～1000 之间。当选取 E2:E5 区域的任何一个单元格时，弹出信息框并提示“输入业务工资 当前区域输入的数值在 0～1000 之间”的文本内容。在工作表中选中 E2:E5 区域。选择菜单“数据”→“数据工具”→“数据有效性”选项，打开数据有效性设置对话框，如图 6-7 所示。在“设置”选项卡中设置有效性条件为整数、数值介于 0～1000 之间。今后在这些单元格输入不合有效性要求的数据后，系统会给出错误提示。在“输入信息”选项卡（见图 6-8）中指定提示信息。标题文本框中输入“输入业务工资”，在输入信息文本框中输入“当前区域输入的数值在 0～1000 之间”。点击“确定”按钮完成数据有效性设置。

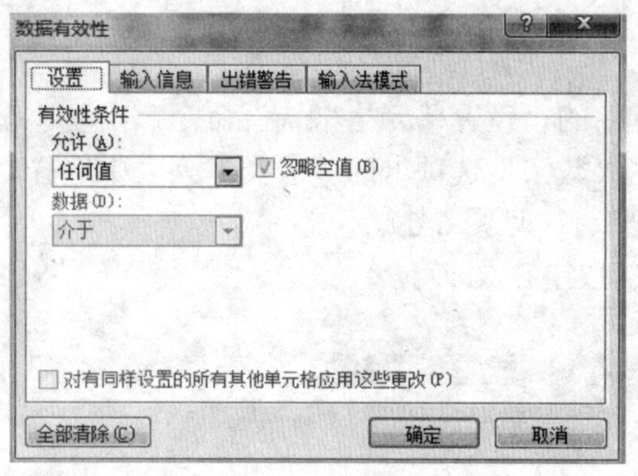

图 6-7　设置数据

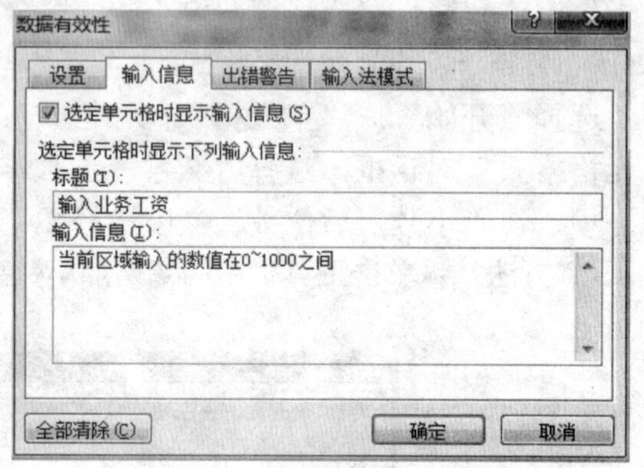

图 6-8　设置提示

（7）条件格式化。根据单元格数据的数值不同，利用条件格式可以将单元格设定为特定的显示格式。选中数据表中的 D2:D5 单元区域，选择菜单“开始”→“样式”→“条件格式”→“突出显示单元格规则”（如图 6-9 所示）。选定的条件是“小于”，设定的数值为 506，点击“设置为”→“自定义格式…”，打开设置单元格格式对话框（如图 6-10 所示）。

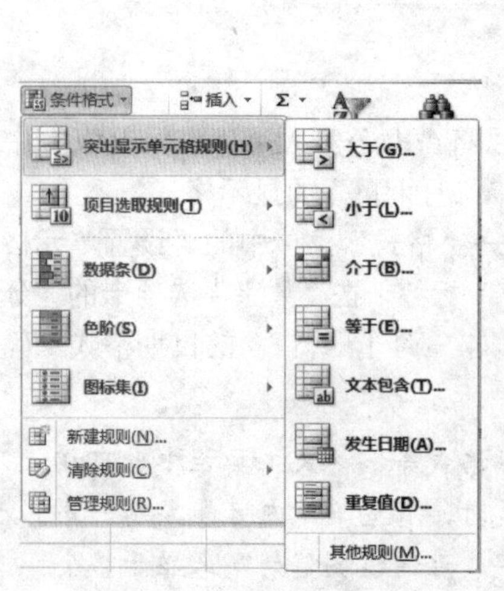

图 6-9　条件格式设置

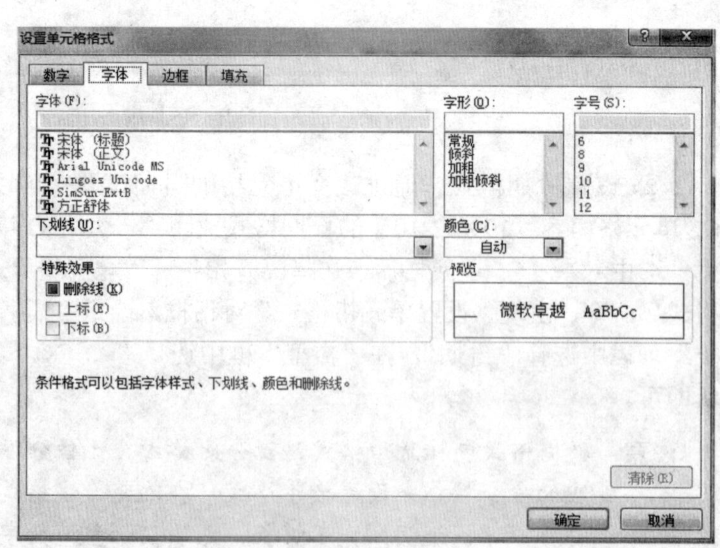

图 6-10　设置单元格格式

选择单元格格式对话框“字体”选项卡，设定满足条件的单元格的“字形”为加粗，

“颜色”为蓝色。在“填充”选项卡里完成对满足条件的单元格的图案设置，单元格的背景采用黄色。点击“确定”按钮后完成对条件的设置。同样的，可以继续增加其他的条件格式的设定。选定工资表中的其他数据项区域，用同样的方法可以进行条件格式化的设置。

（8）设置字体及属性。选中A1至G1表头单元区域。选择“开始”→“单元格”→“格式”菜单中的“设置单元格格式”命令，出现“设置单元格格式”对话框，选定“字体”标签，完成以下的设置：在“字体”框中选择“楷体”；在“字形”框中选择“加粗”；在“字号”框中选择“14”；在“颜色”下拉列表中选择所需的蓝色，确认即可。

注意：格式工具栏中也有相应的命令按钮可以设置字体及其属性。

（9）设置对齐方式。选中A2:C5单元格区域，选择“开始”→“单元格”→“格式”菜单中的“设置单元格格式”命令，出现“设置单元格格式”对话框，选定“对齐”标签，在“对齐”选项卡中的“水平对齐”列表中选择“居中”。

注意：“对齐”选项卡中的“自动换行”若被选中，则在单元格列宽不够时，自动换行显示。格式工具栏中也有相应的命令按钮可以设置部分常用的对齐方式。

（10）设置边框和颜色。在“办公室人员工资情况表”选中A1至G5区域。选择“开始”→“单元格”→“格式”菜单中的“设置单元格格式”命令，出现“设置单元格格式”对话框（见图6-11），选择“边框”选项卡。

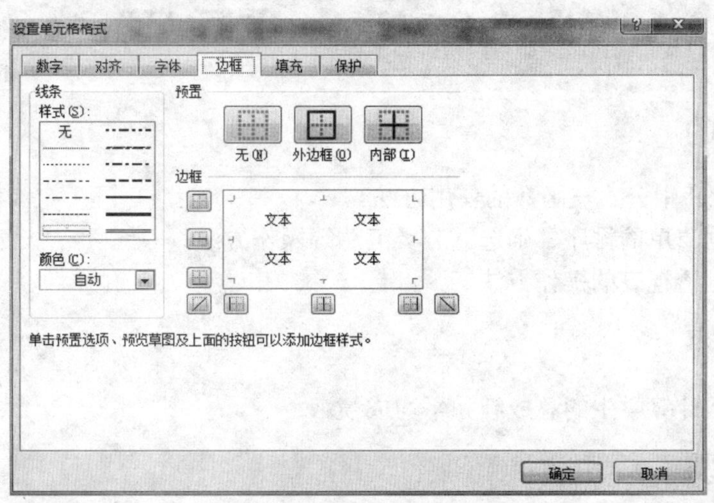

图6-11　设置单元格格式

在“线条”→“样式”框中选择所需的粗线，然后点击“预置”中的“外边框”按钮；在“线条”→“样式”框中选择所需的细线，然后点击“预置”中的“内部”按钮。查看预览窗口显示的表格边框情况，按“确认”即可。

（11）套用表格格式。在“办公室人员工资情况表”里选中A1至G5区域。选择“开始”→“样式”→“套用表格格式”命令（见图6-12），任选一种。

（12）格式的复制和清除。在“办公室人员工资情况表”选择C2单元格。单击常用工具栏中的“格式刷”按钮，这时鼠标指针旁附带一个刷子。用附带刷子的鼠标指针选择C3至C5单元格区域即可。在“办公室人员工资情况表”里选中A1至G5区域。在“开始”→“编辑”菜单的“清除”命令的子菜单中，选择“清除格式”命令即可。

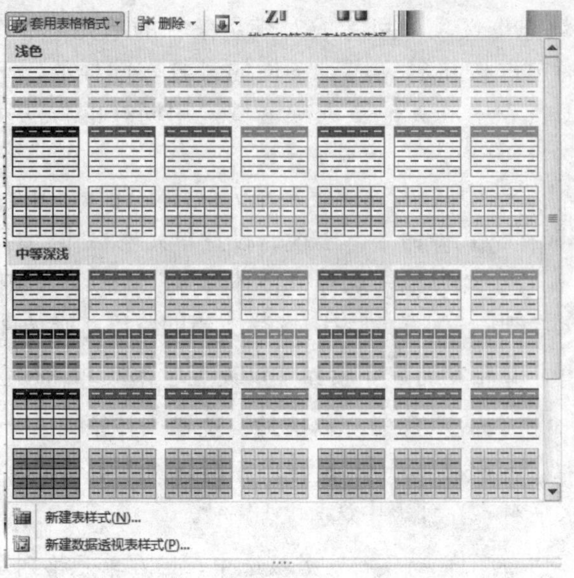

图 6-12 套用格式

注意： 利用“复制”命令和“编辑”菜单中的“选择性粘贴”命令，也可实现对格式的复制。

实验 6.2 Excel 数据处理

6.2.1 实验目的

（1）掌握 Excel 中公式与函数的使用方法。

（2）掌握数据清单的排序、筛选、分类汇总等操作方法。

（3）熟悉数据透视表的操作方法。

6.2.2 实验内容

用公式和函数计算学生的总成绩和平均成绩。

6.2.3 实验步骤

（1）建立工作簿。创建一个包含以下数据的工作簿。利用公式求每个学生的总分和平均分，然后统计相关信息。可以去辅助教学系统下载表格 6-2.xls，省去自己创建表格的步骤。

（2）使用公式计算数据。学生的总分和平均分需要自己计算后填写到相应的单元格，这样如果课程成绩有变化后需要重新计算总分和平均分。Excel 提供了使用公式完成各种算术运算和逻辑运算。

① 使用公式求一个学生的总分和平均分。有两种方法用公式求取第一个学生的总分：

- 方法一：双击 I2 单元格，直接在 I2 单元格中输入公式“=E2+F2+G2”（双引号不用输入），回车（或把 I2 变为非活动单元格）后在 I2 单元格中将显示李丽同学的总分 285。
- 方法二：单击 I2 单元格，在编辑栏 fx 中直接输入公式“=E2+F2+G2”（双引号不用输入），然后单击工具按钮上的✔即可。

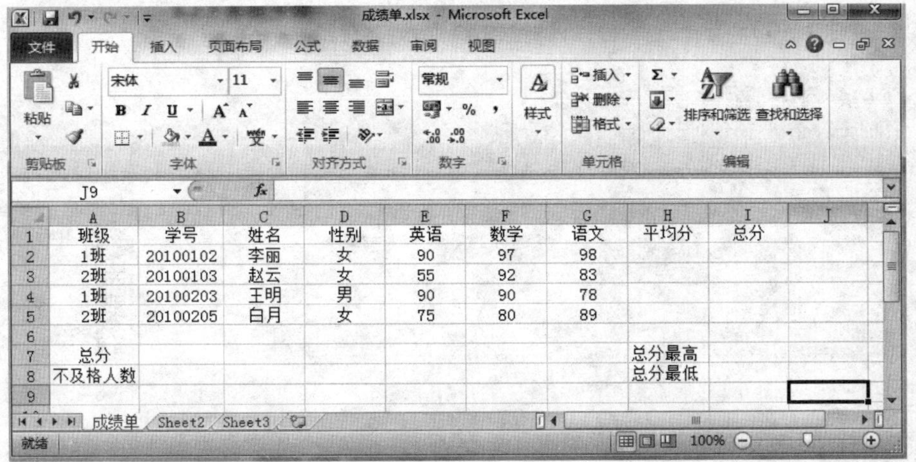

求平均分时，用上面任意一种方法在 H2 单元格中可计算该同学的“平均分”，计算公式为“=I2/3”或者“=(E2+F2+G2)/3”。

注意：*修改编辑公式的方法与单元格的编辑操作过程相同；输入公式时要使用半角符号。*

② 公式的自动填充。计算其他同学的总分不用像第一位同学一样每个进行编辑，可以采用公式复制的方法进行设置。有两种方法进行公式复制。

- 方法一：单击 I2 单元格，单击“复制”按钮（或使用快捷键 Ctrl+C），再选定其他学生的总分单元格，然后单击“粘贴”按钮（或使用快捷键 Ctrl+V），则自动完成对该学生的总分公式求和设定。
- 方法二：单击 I2 单元格，用鼠标按住单元格右下角的十字填充柄，往下拖动，直到 I5 单元格后松手，Excel 会在所经过的单元格中进行公式填充，在相应的单元格中将得到其他同学的总分。

同样的方法，在 H3 到 H5 单元格中通过公式自动填充，得到其他同学的平均分。

（3）函数的编辑与使用。Excel 软件提供了若干个函数，通过这些函数可以对表中的数据进行处理。用函数可以分别求出各门考试的总分/不及格人数、最高/最低总分。

① SUM 函数。用 SUM 函数可以求各门考试的总分。例如求英语考试总分：单击 E7 单元格，在编辑栏中输入“=”号，E7 单元格出现“=”，“名称框”变为“函数”框。

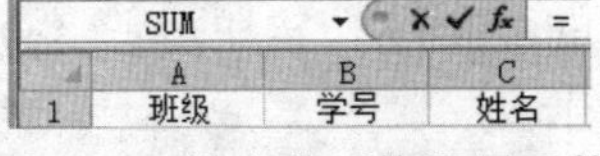

图 6-13　设定单元格调用函数

在图 6-13 函数区旁边的下三角按钮，选择“SUM”，单击“SUM”，弹出“函数参数”窗口（见图 6-14）。

单击“Number1”，设置求和范围“E2: E5”，点击“确定”即可计算所有学生的英语单科总分。

提示：*如果要计算平均分，则在输入“=”号后选择“AVERAGE”函数。*

② COUNTIF 函数。求英语不及格人数：单击 E8 单元格，在编辑栏输入“=”后，名称框变成函数框，点击函数框旁边的下三角按钮，出现函数下拉列表，如图 6-15 所示。

在其中查找“COUNTIF”函数。如果找不到该函数，可以通过函数下拉条中的“其他函数…”打开插入函数对话框，如图 6-16 所示。

在插入函数对话框中查找“COUNTIF”函数，点击“确定”按钮后弹出的“函数参数”

对话框，如图 6-17 所示。

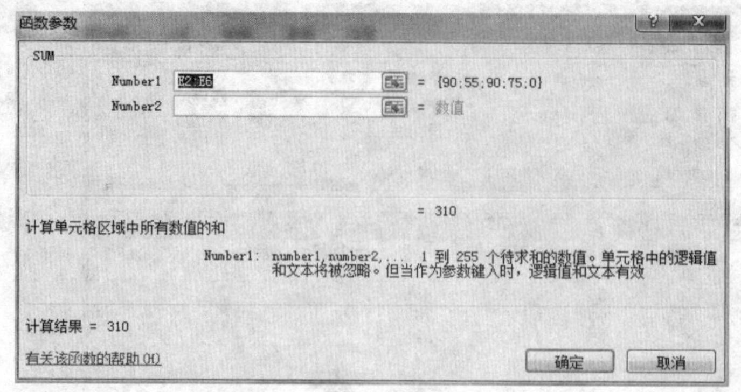

图 6-14 设定函数参数

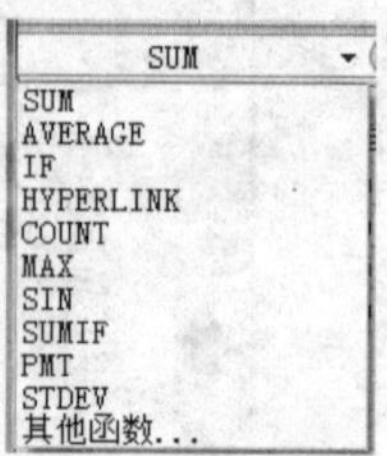

图 6-15 查找函数

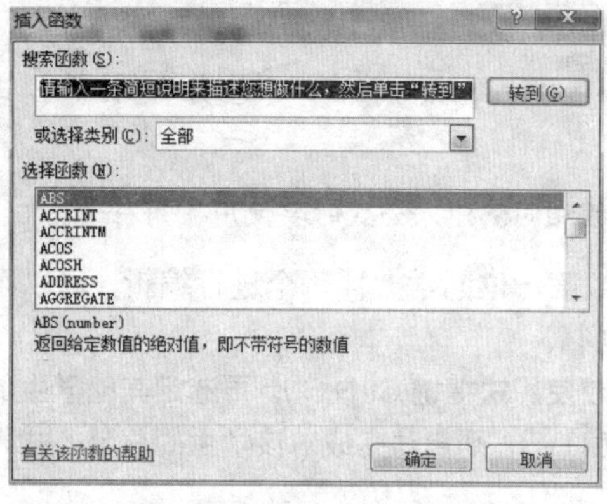

图 6-16 插入函数

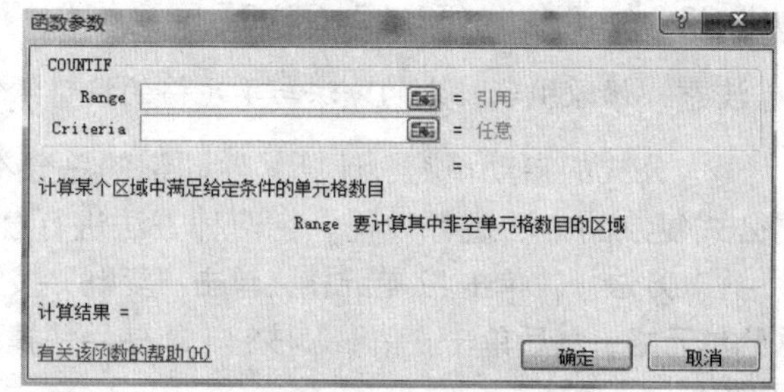

图 6-17 COUNTIF 函数参数

在函数参数对话框中设置参数：Range（范围），Criteria（条件），点击确定即可在单元格 E8 中显示英语考试不及格的人数。用上述方法可以分别求出高数、大学物理、C 语言的总分和不及格人数。

③ MAX、MIN 函数。调用 MAX 函数可以求得最高总分。单击 I7，在编辑栏中输入"="号，然后在"公式"中选择"MAX"，在弹出的"函数参数"对话框中，单击"Number1"右边的"拾取"按钮，然后从 I2 拖到 I5，将出现一个虚框，且"函数参数"变为如图 6-18 所示。

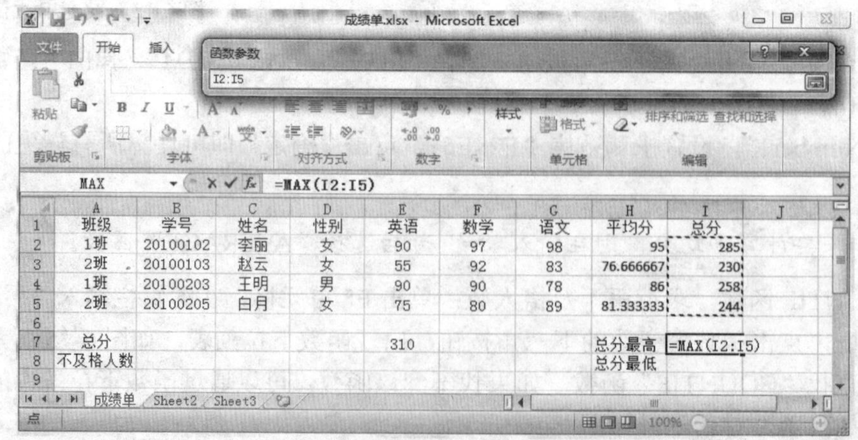

图 6-18 选定数据范围

单击函数参数工具条的“返回”按钮，点击“确定”，即可求出最高总分。

求最低总分：按照上面的方法，使用函数“MIN”，可以得到最低总分，最后的结果如图 6-19 所示。

	A	B	C	D	E	F	G	H	I	J
1	班级	学号	姓名	性别	英语	数学	语文	平均分	总分	
2	1班	20100102	李丽	女	90	97	98	95	285	
3	2班	20100103	赵云	女	55	92	83	76.666667	230	
4	1班	20100203	王明	男	90	90	78	86	258	
5	2班	20100205	白月	女	75	80	89	81.333333	244	
6										
7	总分				310	359	348	总分最高	285	
8	不及格人数				1	0	0	总分最低	230	
9										

图 6-19　统计结果

（4）数据记录单。通过数据记录单可以在工作簿中搜索符合条件的记录。

单击菜单栏的“文件”→“选项”→“快速访问工具栏”→“从下列位置选择命令”下拉列表中选择“不在功能区中的命令”→“记录单”，点击“添加”→“确定”按钮即可在工具栏中找到“记录单”。选中要显示的数据清单的数据区，然后打开数据记录单窗口，如图 6-20 所示。

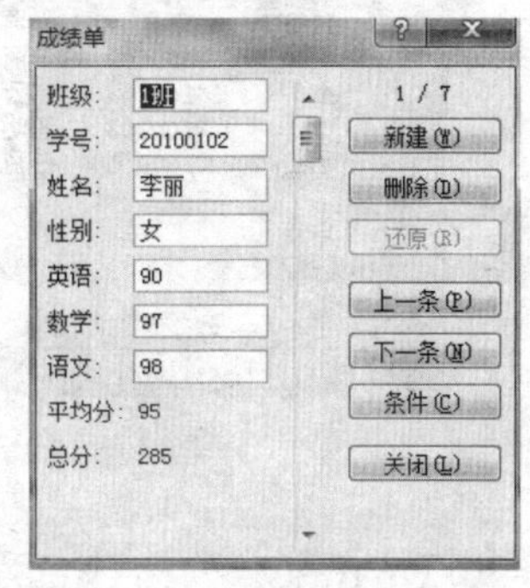

图 6-20　数据记录单

单击对话框中的“条件”按钮后，对话框中的数据将被清空，在英语和高数两项中都输入“＞75”，然后点击“下一条”按钮，则显示所有的英语和高数两门课程成绩都在 75 分以上的学生信息。点击“上一条”和“下一条”按钮可以查看到其他满足条件的记录。

（5）数据排序。参与数据排序的所有行都应该具有相同的结构，所以在数据排序前不要对这些行进行单元格合并的操作。数据排序是对整行进行的，排序后根据排序结果重新显示行内容。可以依据表中的某一列进行排序，也可以依据表中的多列进行排序。

① 简单排序。如果对数据进行排序时，只按照单列数据（例如总分）排序，只需要单击要排序的字段列中任意单元格，然后再单击“常用”工具栏的“降序”或“升序”按钮即可。

② 复杂排序。如果要根据数据中的多列数据进行排序，则需要打开排序对话框。选中进行排序的数据区，单击“数据”→“排序和筛选”→“排序”，出现排序对话框，如图 6-21 所示。在各级关键字里选择合适的字段名，在右边的排序方式单选框中可选择按“升序”或“降序”排序，单击“确定”可显示排序结果。注意是否有标题行的设置：如果选择“有标题行”，则选中的数据区的第一行不参与排序；如果选择“无标题行”，则选中的数据区的所有行都参与排序。

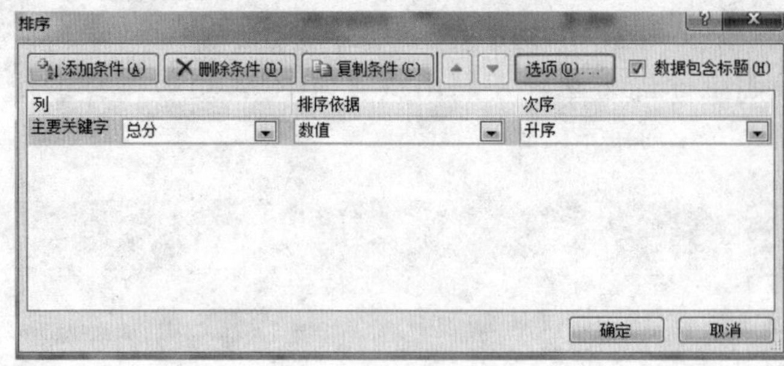

图 6-21 排序对话框

（6）数据筛选。选择要筛选数据的区域，单击“数据”→“排序和筛选”→“筛选”，在选择的数据第一行每个单元格会显示一个下拉条，如图 6-22 所示。

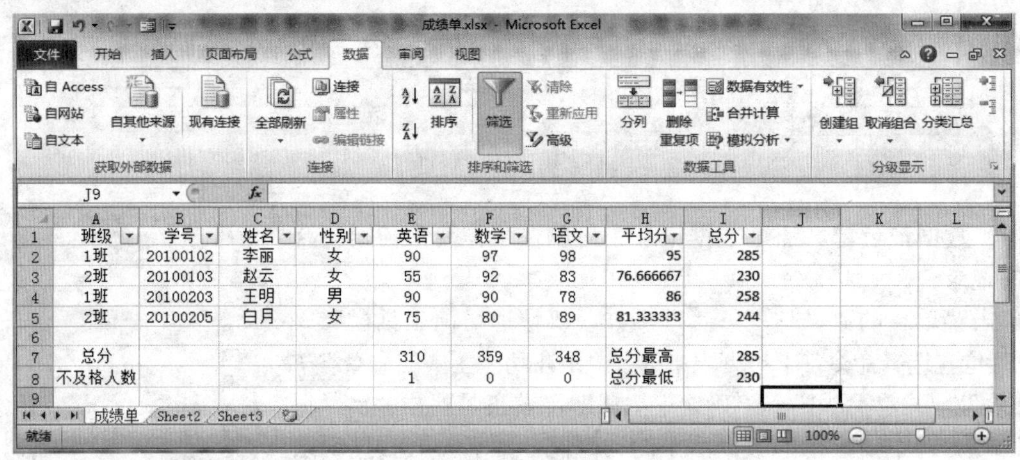

图 6-22 数据筛选

点击在某一列标题名旁边的下拉条会出现筛选数据条件，如图 6-23 所示。如果选择的筛选条件为“男”，则只显示性别为“男”的学生成绩，而性别为“女”的所有学生的成绩将被隐藏显示。如果在下拉条中选择“数字筛选”→“自定义筛选”即出现如图 6-24 所示对话框。图中所示的筛选条件选择显示英语成绩为 60 分到 90 分的所有学生的信息。设置后点击“确定”，原来工作表就会显示符合要求的结果。

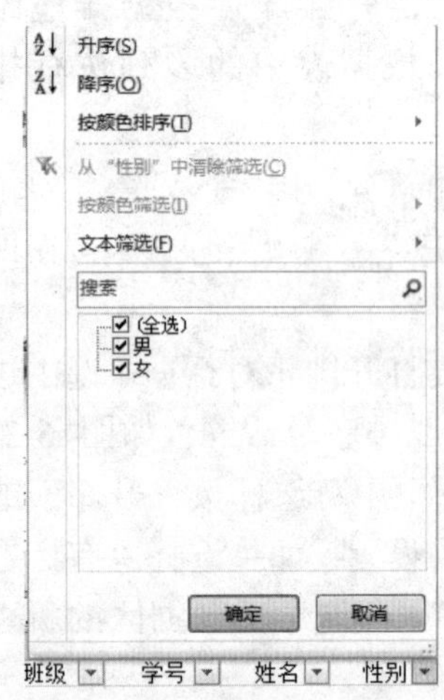

图 6-23 筛选条件

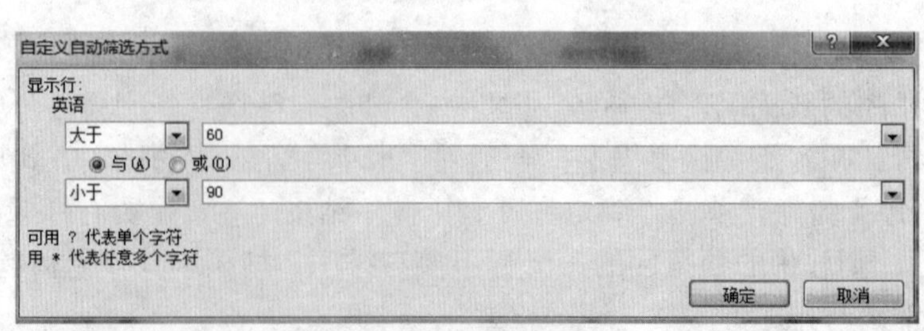

图 6-24 设置筛选方式

如果想恢复到原来数据表，单击“数据”→“排序和筛选”→“筛选”。

注意： 筛选不是删除。筛选后不显示的内容仅是暂时隐藏显示，没有显示的数据内容仍然保存在数据文件中。而如果执行了删除行操作，则被删除行的数据从文件中删除。

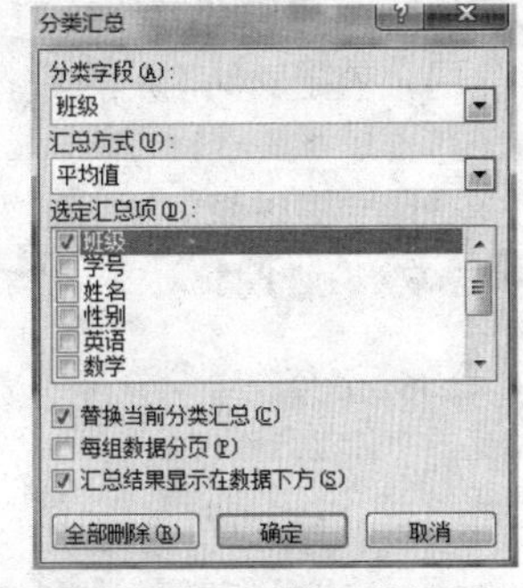

图 6-25　分类汇总设置

（7）数据分类汇总。在对数据进行分类汇总前，首先要根据分类字段对数据进行排序。然后选中要分类的数据区域，点击“数据”→“分级显示”→“分类汇总”，弹出对话框如图 6-25 所示。

分类字段一定要选择排序时选定的字段，汇总方式根据需要选取，这里选取了求各班的平均成绩方式，然后选定汇总项，点击“确定”，就可以看到分类结果如图 6-26 所示。

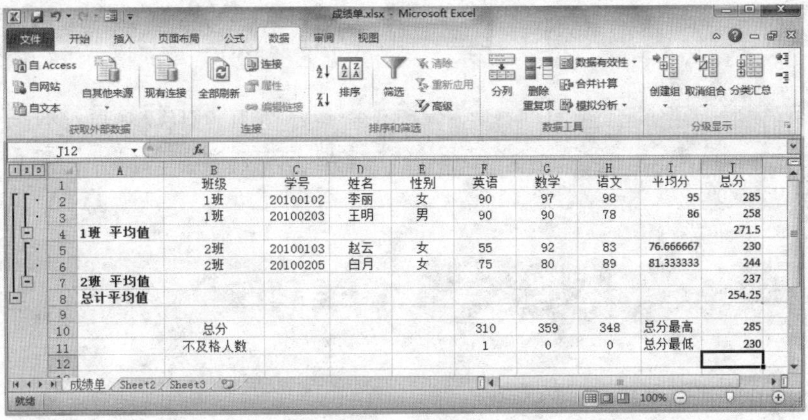

	A	B	C	D	E	F	G	H	I	J
1		班级	学号	姓名	性别	英语	数学	语文	平均分	总分
2		1班	20100102	李丽	女	90	97	98	95	285
3		1班	20100203	王明	男	90	90	78	86	258
4	1班 平均值									271.5
5		2班	20100103	赵云	女	55	92	83	76.666667	230
6		2班	20100205	白月	女	75	80	89	81.333333	244
7	2班 平均值									237
8	总计平均值									254.25
9										
10		总分				310	359	348	总分最高	285
11		不及格人数				1	0	0	总分最低	230
12										

图 6-26　分类汇总结果

如果想退出“分类汇总”模式，点击“数据”→“分级显示”→“分类汇总”，在弹出的“分类汇总”对话框中点击“全部删除”即可。

（8）数据透视表。数据透视表是交互式报表，可快速合并和比较大量数据，可旋转其行和列以看到源数据的不同汇总，而且可显示感兴趣区域的明细数据。

① 创建数据透视表。

- 选择工作表 A1:I5 的单元格区域。
- 单击“插入”→“插入数据透视表”，打开“创建数据透视表”对话框。
- 选择默认的数据源。单击“确定”。例如，想分别知道 1 班和 2 班按性别计算的平均分总和，在“数据透视表字段列表”对话框里，将“班级”字段拖至行标签，“性别”字段拖至列标签，“平均分”字段拖至数值区，如图 6-27 所示，结果如图 6-28 所示。

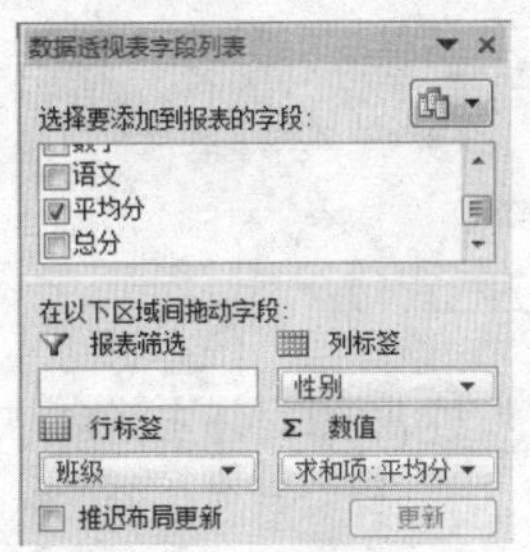

图 6-27　创建数据透视表

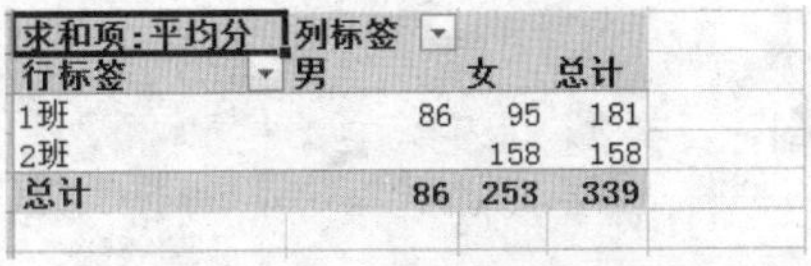

求和项:平均分	列标签		
行标签	男	女	总计
1班	86	95	181
2班		158	158
总计	86	253	339

图 6-28　数据透视表

② 编辑数据透视表。如果想知道每个班按照性别统计的总分、平均分，即图 6-29 所示的布局，在已经完成的数据透视表的基础上，对数据透视表进行修改后就可以实现。

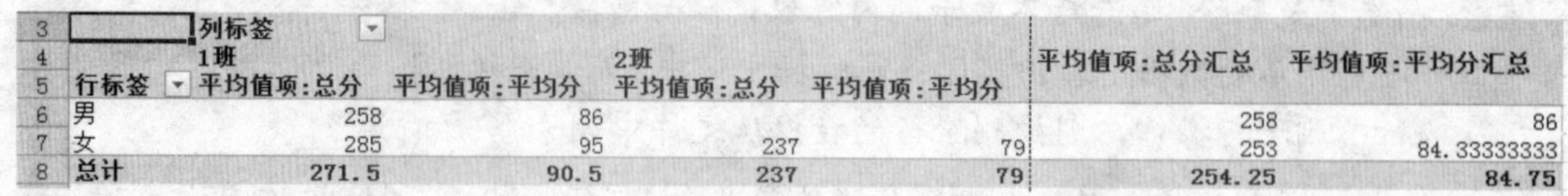

3		列标签					
4		1班		2班		平均值项:总分汇总	平均值项:平均分汇总
5	行标签	平均值项:总分	平均值项:平均分	平均值项:总分	平均值项:平均分		
6	男	258	86			258	86
7	女	285	95	237	79	253	84.33333333
8	总计	271.5	90.5	237	79	254.25	84.75

图 6-29 透视表

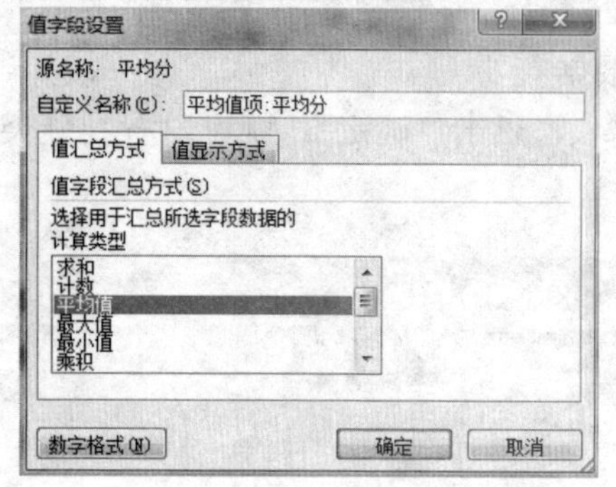

图 6-30 设置字段

- 用鼠标拖动，将“班级”字段和“性别”字段对调。
- 将“总分”从“数据透视表字段列表”拖入数据区。
- 点击数据区“平均分”对应的单元格，右键单击，选择“值字段设置”，弹出“值字段设置”对话框，选择“值汇总方式”中的“平均值”，单击“确定”，如图 6-30 所示。点击数据区“总分”单元格，进行如上设置。

提示：如果只想看男生的数据，则单击“性别”旁边的下拉框，将“女”前面的“√”去掉即可。

实验 6.3 图表制作

6.3.1 实验目的

掌握 Excel 中制作图表的方法。

6.3.2 实验内容

绘制柱形圆锥图、点折线图、柱形图、饼图。

6.3.3 实验步骤

（1）利用图表创建圆锥图

① 建立数据表格。新建一个 Excel 文件，在工作簿中输入如下的数据。可以去辅助教学系统下载文档 6-3-1.xls，省去自己输入数据的步骤。同时提供下载的还有各种图形的完成效果图。

	A	B	C	D	E	F
1			电视机销售量			
2		熊猫	TCL	长虹	康佳	
3	一月	52	41	37	35	
4	二月	70	53	61	56	
5	三月	23	31	29	26	
6						

② 选择图表类型。选择菜单栏“插入”→“图表”，在“柱形图”下拉菜单中选择“所有图表类型”，打开“插入图表”对话框（见图 6-31）。

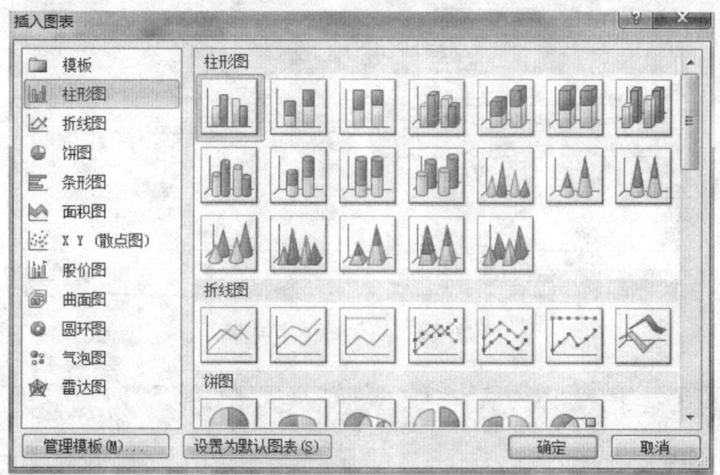

图 6-31　选择图表类型

在列表框中选择“柱形图”，“子图表类型”选择“柱形圆锥图”。单击“确定”，结果见图 6-32。

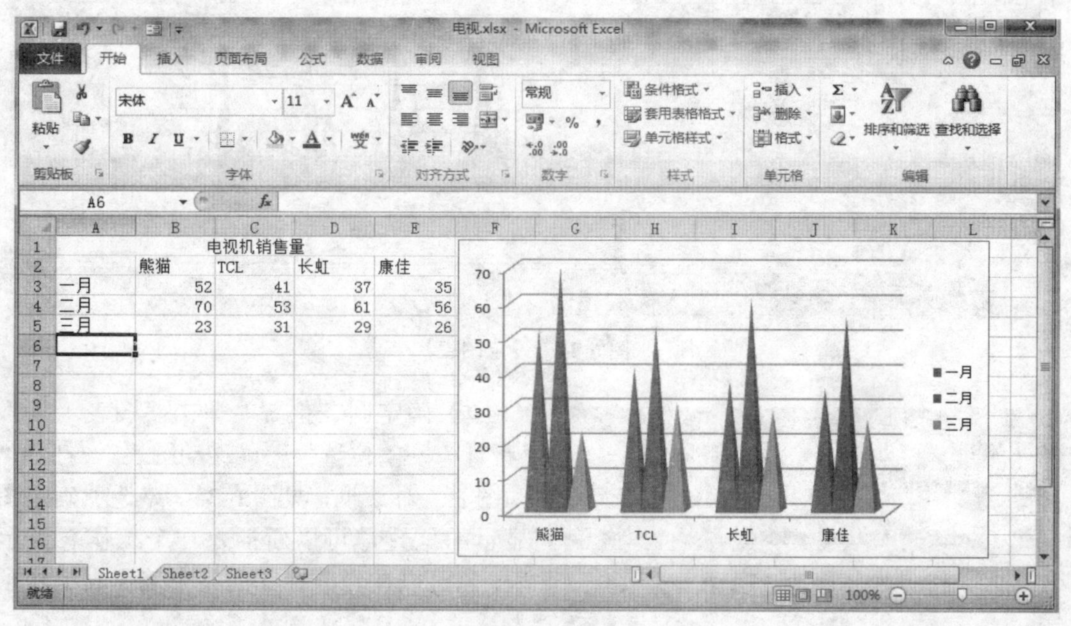

图 6-32　柱形圆锥图

③ 设定数据源。单击“图表”→“图表工具”→“设计”→“选择数据”打开“选择数据源”对话框（见图 6-33）。按下鼠标左键选定数据区域后，会在选定的数据区域显示一个虚框，同时在数据区域对话框中显示选定的区域的绝对引用地址。

在本图中选定不同的品牌为图表的横坐标选项，显示每个品牌 3 个月的销售情况。

④ 设定图表。单击“图表工具”→“布局”→“标签”→“图表标题”→“图表上方”，在图表标题处填入“电视机销量情况”，类似的可设置横坐标为“品牌”，纵坐标为“台”，如图 6-34。

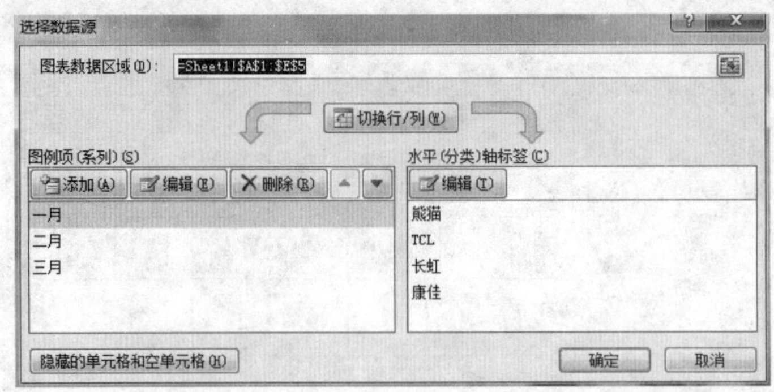

图 6-33　数据区域对话框

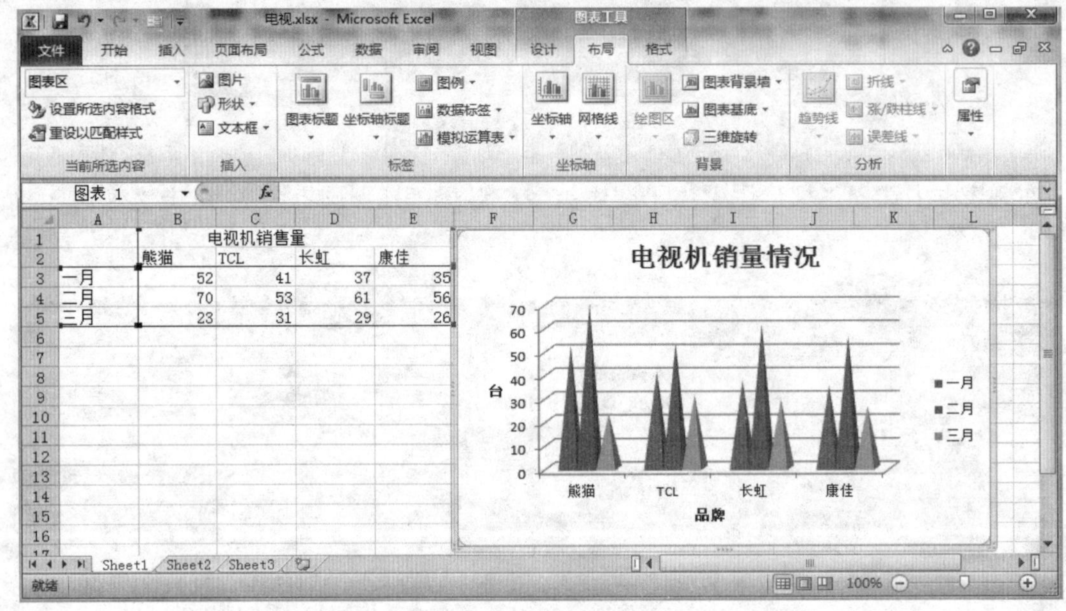

图 6-34　设定图表

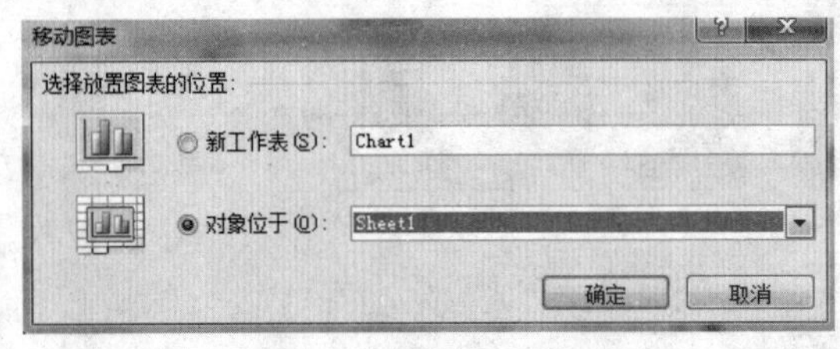

图 6-35　设置图表位置

⑤ 确定图表位置。单击“图表工具”→“设计”→“位置”→“移动图表”，打开“移动图表”对话框，见图 6-35。该选项确定图表显示的位置，可以新插入一个工作表显示图表，也可以在当前存在的某个工作表里显示图表。

⑥ 显示图表。单击“移动图表”对话框中的“确定”按钮，图标嵌入到当前工作表中，效果如图 6-36 所示。

绘制完成的图表分为 3 个区域：

- 背景墙：图所在区域是背景墙区域。
- 绘图区：坐标所在的区域是绘图区。
- 图表区：图例和图标题所在的区域是图表区。

将鼠标放置在不同的区域，则显示鼠标所在区域的名称。

⑦ 修改图表。在定义图表的过程中设置了图表的若干属性，已经完成的图表的所有属性都可以修改。

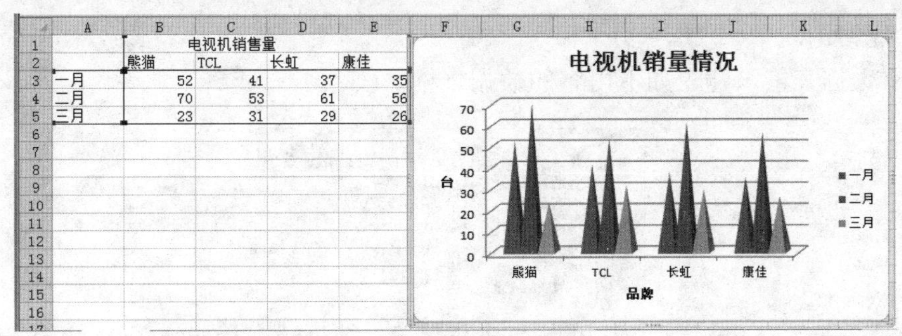

	A	B	C	D	E
1		电视机销售量			
2		熊猫	TCL	长虹	康佳
3	一月	52	41	37	35
4	二月	70	53	61	56
5	三月	23	31	29	26

图 6-36　定义图表显示

鼠标右键点击图表的不同区域，弹出与该区域有关的菜单选项。当鼠标右键点击图表区时，显示如图 6-37 所示的全部菜单选项。选择“设置图表区域格式…”菜单项，显示设置图表区格式对话框（见图 6-38）。

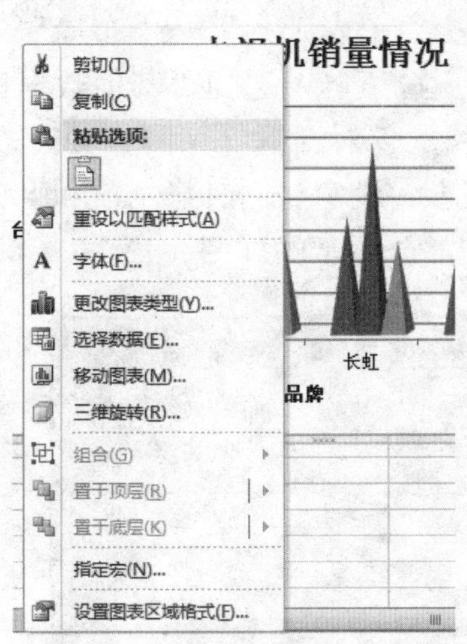

图 6-37　设置图表格式

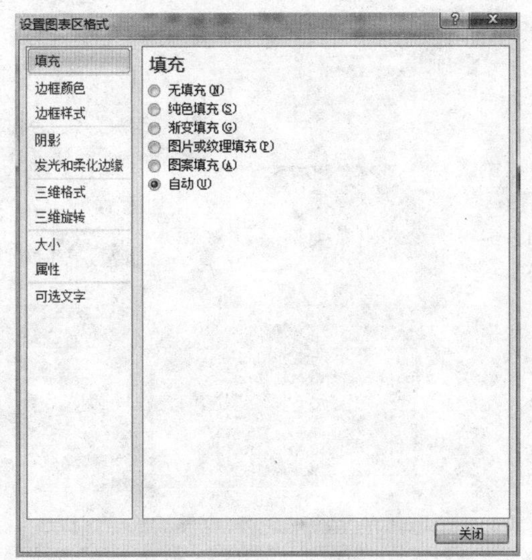

图 6-38　修改图表属性菜单

可以修改图案颜色的设定、图表字体和图表属性的相关信息。

点击“更改图表类型”菜单，可以将柱形圆锥图修改为其他图形显示方式。

点击“选择数据”菜单项，可以重新选定图表的关联数据。选择月份为横坐标，显示每个月中不同品牌的产品的销售情况。

确定后绘制的图形如图 6-39 所示。

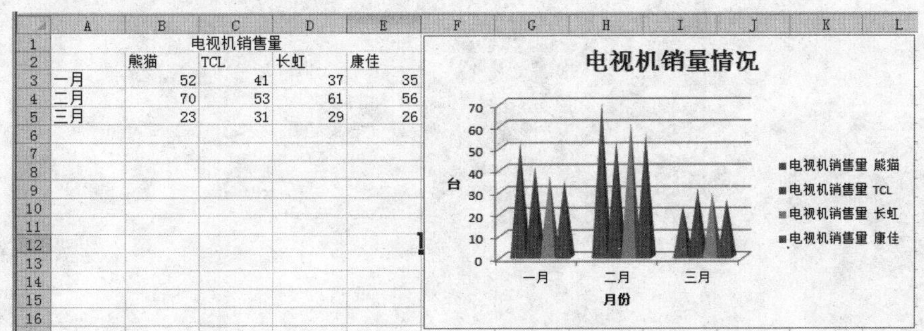

	A	B	C	D	E
1		电视机销售量			
2		熊猫	TCL	长虹	康佳
3	一月	52	41	37	35
4	二月	70	53	61	56
5	三月	23	31	29	26

图 6-39　修改了坐标的图表

从图中可以看出，横坐标显示的内容已经改变，同时图例的内容也改变为新的内容。

（2）绘制饼图。

① 建立数据表格。建立如下内容的数据表格：

	A	B	C	D
1	企业	销量（万辆）	同比增长	增长量
2	上海通用	15.18	64.53%	
3	上海大众	13.27	93.01%	
4	一汽大众	12.16	80.91%	
5	奇瑞	11.48	79.38%	
6	北京现代	10.41	21.20%	
7	一汽夏利	9.03	10.98%	

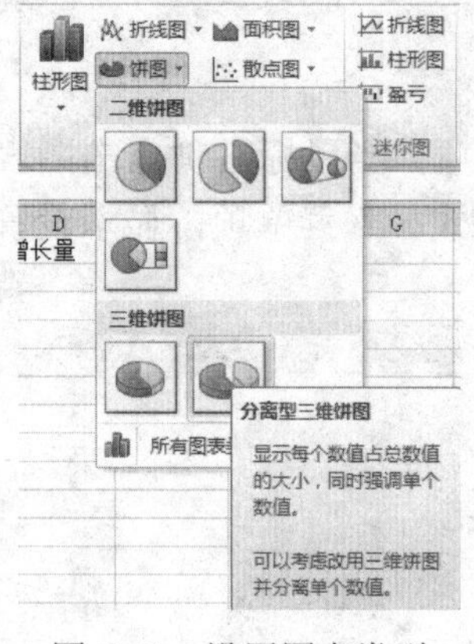

图 6-40 设置图表类型

可以去辅助教学系统下载文档 6-3-2.xls，省去自己输入数据的步骤。同时提供下载的还有各种图形的完成效果图。

② 选择图表类型。选择菜单栏“插入”→“图表”→“饼图”，“子图表类型”选择“分离型三维饼图”，如图 6-40 所示。

③ 选定数据源。与柱形圆锥图创建步骤（3）类似，打开数据源对话框，选择前两列作为数据区域（见图 6-41）。

④ 设定图表选项。点击“图表工具”→“布局”→“标签”→“数据标签”，在其下拉菜单中选择“其他数据标签选项”，弹出“设置数据标签格式”对话框（见图 6-42）。

打开“标签选项”选项卡，设定为同时显示值和百分比方式，请注意查看对话框右侧部分显示的样图。

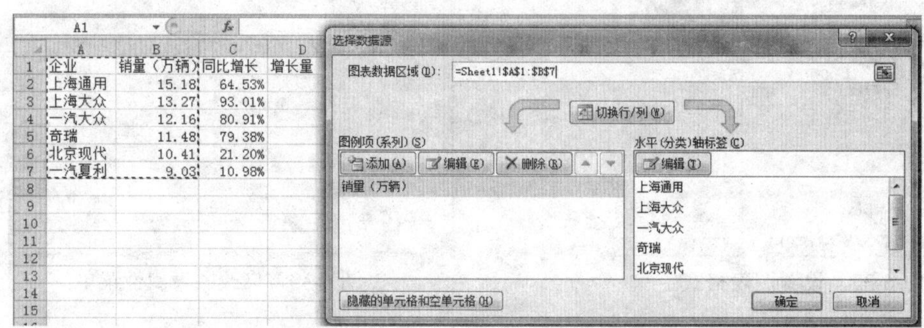

图 6-41 选择数据区域

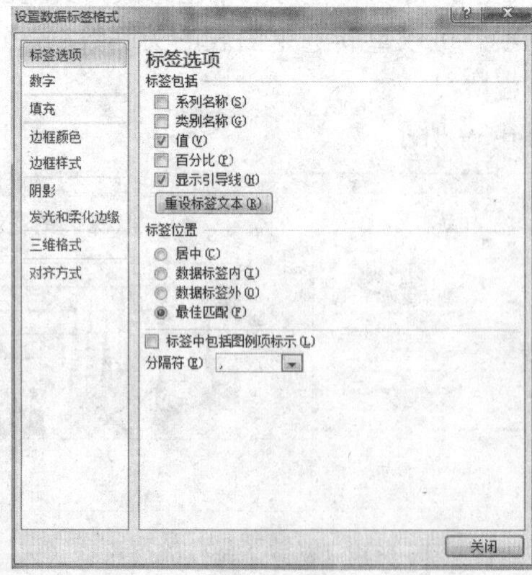

图 6-42 设置数据标签格式

⑤ 完成图表。点击“关闭”，显示图表如图 6-43 所示。

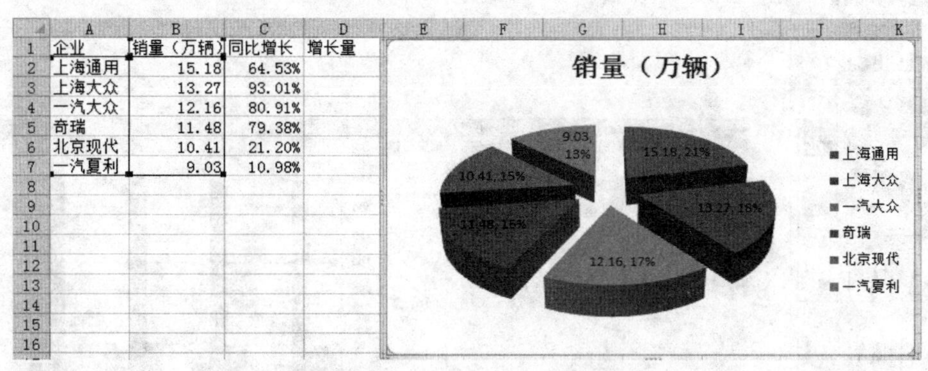

	A	B	C	D
1	企业	销量（万辆）	同比增长	增长量
2	上海通用	15.18	64.53%	
3	上海大众	13.27	93.01%	
4	一汽大众	12.16	80.91%	
5	奇瑞	11.48	79.38%	
6	北京现代	10.41	21.20%	
7	一汽夏利	9.03	10.98%	

图 6-43　完成三维分离饼图

（3）绘制折线图。建立如下内容的数据表格：可以去辅助教学系统下载文档 6-3-3.xls，省去自己输入数据的步骤。同时提供下载的还有各种图形的完成效果图。

	A	B	C	D	E	F
1	单位	一月	二月	三月	合计	平均值
2	甲	36	40	50		
3	乙	27.3	30.5	28.6		
4	丙	24.3	20.6	22.4		
5	丁	33.4	29.4	24.7		
6	戊	25.6	32.1	26.8		

选择菜单栏“插入”→“图表”→“折线图”，子图表类型选择“带数据标记的折线图”，（见图 6-44）。完成图表的全部设定后显示图表如图 6-45 所示。

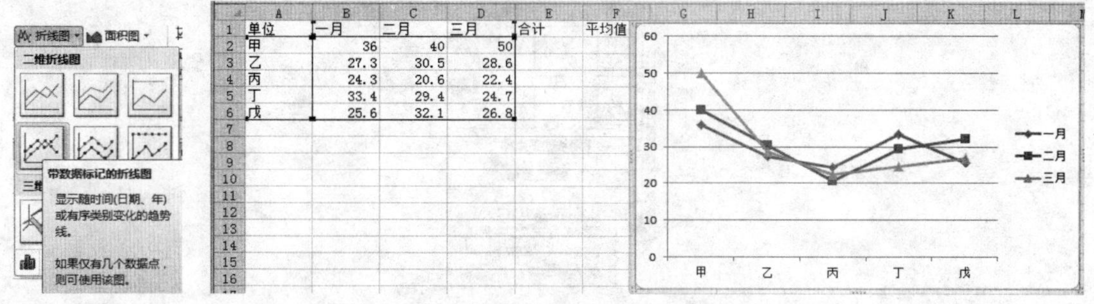

图 6-44　选择折线图　　　　图 6-45　绘制折线图

（4）绘制柱形图。建立如下内容的数据表格：可以去辅助教学系统下载文档 6-3-4.xls，省去自己输入数据的步骤。同时提供下载的还有各种图形的完成效果图。

	A	B	C	D	E
1	年份	文科生	理科生	特长生	招生总数
2	2003年	50	351	14	
3	2004年	52	348	17	
4	2005年	53	359	16	
5	2006年	51	368	18	

选择菜单栏“插入”→“图表”→“柱形图”，子图表类型选择“簇状柱形图”，如图 6-46 所示。完成图表的全部设定后显示图表如图 6-47 所示。

（5）平滑线散点图。建立如下内容的数据表格：sin(x)行的数据选择 sin 函数完成定义。

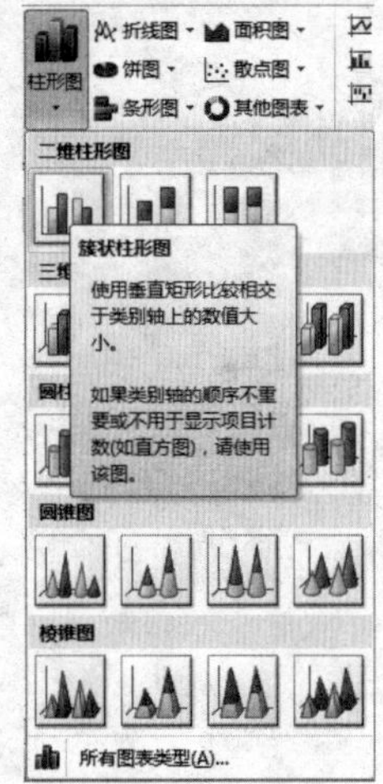

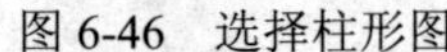

图 6-46　选择柱形图

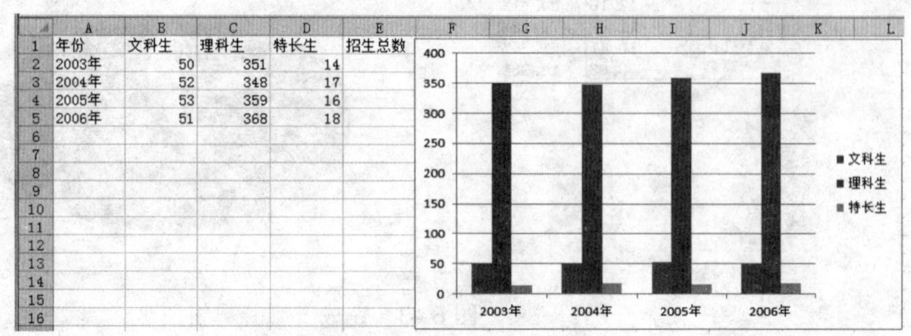

	A	B	C	D	E
1	年份	文科生	理科生	特长生	招生总数
2	2003年	50	351	14	
3	2004年	52	348	17	
4	2005年	53	359	16	
5	2006年	51	368	18	

图 6-47　绘制柱形图

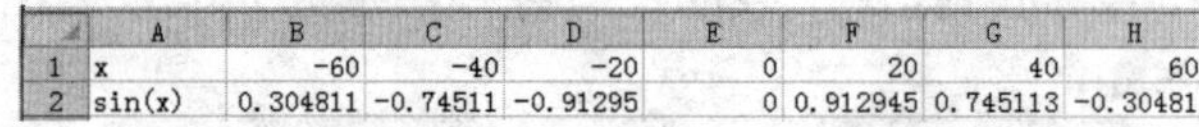

	A	B	C	D	E	F	G	H
1	x	-60	-40	-20	0	20	40	60
2	sin(x)	0.304811	-0.74511	-0.91295	0	0.912945	0.745113	-0.30481

可以去辅助教学系统下载文档 6-3-5.xls，省去自己输入数据的步骤。同时提供下载的还有各种图形的完成效果图。

选择菜单栏“插入”→“图表”→“散点图”，子图表类型选择“带平滑线的散点图”。如图 6-48 所示。完成图表的全部设定后显示图表如图 6-49 所示。

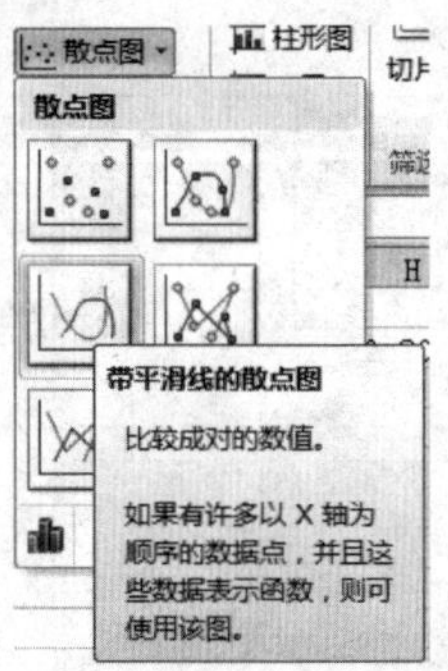

图 6-48　选择散点图

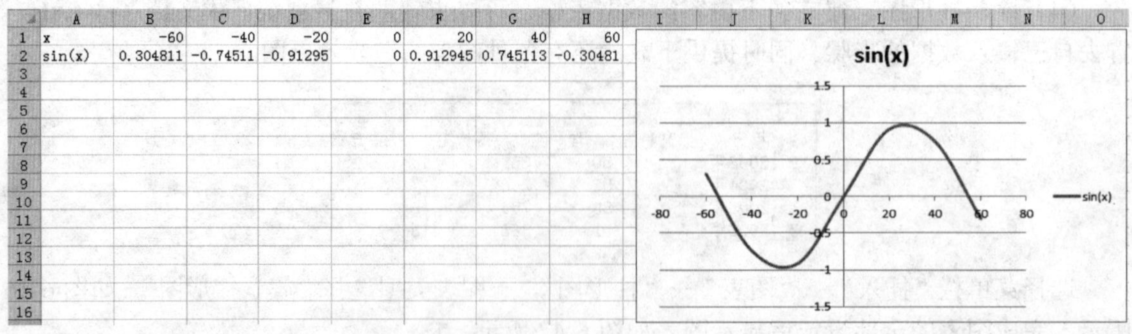

	A	B	C	D	E	F	G	H
1	x	-60	-40	-20	0	20	40	60
2	sin(x)	0.304811	-0.74511	-0.91295	0	0.912945	0.745113	-0.30481

图 6-49　绘制散点图

练 习 题

一、单项选择题

1. 在 Excel 中，图表中的图表项________。

A. 不可编辑　　B. 可以编辑

C. 不能移动位置，但可编辑　　D. 大小可调整，内容不能改

2. 在 Excel 工作表单元格中输入字符型数据 5118，下列输入中正确的是________。

A. ‘5118　　B. “5118　　C. “5118”　　D. ‘5118’

3. 单元格 A1 为数值 1，在 B1 输入公式：=IF(A1>0，“Yes”，“No”)，结果 B1 为________。

A. Yes　　B. No　　C. 不确定　　D. 空白

4. Excel 中，用来储存并处理工作表数据的文件称为________。

A. 单元格　　B. 工作区　　C. 工作簿　　D. 工作表

5. 在 Excel 中，计算一项目的总价值，如果单元格 A8 中是单价，C8 中是数量，则计算公式是________。

A. +A8×C8　　B. =A8*C8　　C. =A8×C8　　D. A8*C8

6. (sum(A2: A4)) *2^3 的含义为________。

A. A2 与 A4 之比值乘以 2 的 3 次方

B. A2 与 A4 之比值乘以 3 的 2 次方

C. A2、A3、A4 单元格的和乘以 2 的 3 次方

D. A2 与 A4 单元单元格的和乘以 3 的 2 次方

7. 在 Excel 编辑状态下，若要调整单元格的宽度和高度，利用________方法更直接、快捷。

A. 工具栏　　B. 格式栏

C. 菜单栏　　D. 工作表的行标签和列标签

8. 在 Excel 中，对工作表内容的操作就是针对具体________的操作。

A. 单元格　　B. 工作表　　C. 工作簿　　D. 数据

二、多项选择题

1. 下列 Excel 公式输入的格式中，正确的是________。

A. =SUM(1，2，…，9，10)　　B. =SUM(E1:E6)

C. =SUM(A1;E7)　　D. =SUM(“18”，“25”，7)

2. 在 Excel 中，修改已输入在单元格中的数据，可________。

A. 按 F2 键　　B. 单击编辑栏　　C. 双击单元格　　D. 按 F3 键

3. 在 Excel 中，粘贴原单元格的所有内容包括________。

A. 格式　　B. 数值　　C. 附注　　D. 公式

4. Excel 中对图表的修饰操作包括________。

A. 增加文字解释　　B. 改变标题显示方向

C. 改变图表比例　　D. 选择新字体

5. Excel 提供了________等查找数据的方法。

A. 高级筛选　　B. 自动筛选　　C. 使用记录单　　D. 数据的排序

三、操作题

在 Excel 中绘制以下表格。

某高中近四年的招生人数				
年份	文科生	理科生	特长生	招生总数
2009 年	50	354	15	
2010 年	53	359	18	
2011 年	52	356	16	
2012 年	54	360	17	

要求在左起第一张工作表中完成：

（1）紧贴表的第一行录入标题：某高中近四年的招生人数表，字体设为宋体加粗 14 号，标题合并单元格（在一行内合并多个列，不可以合并多行，两端与数据表两端对齐）并居于表的中央（水平和垂直，不能只点工具栏的居中）。

（2）增加表格线（包括标题），表中所有文字居中（水平和垂直，不能只点工具栏的居中），所有数据右对齐。

（3）计算各行的“招生总数”，招生总数=文科生+理科生+特长生，必须用公式或函数计算，结果保留一位小数。

（4）将全表按“理科生”的升序排列。

（5）以年份为横坐标（选定“年份”，“文科生”，“理科生”3 列为数据源，勾选“X 轴坐标”），绘制一个柱形图，图表标题设为“招生人数表”。

注：不要更改“年份”、“文科生”、“理科生”、“特长生”、“招生总数”这些单元格的文字内容。

第 7 章 PowerPoint 演示文稿制作软件

实验 7.1 演示文稿的基本操作

7.1.1 实验目的

（1）掌握演示文稿的建立、保存和打开方法。

（2）使用不同的视图模式查看演示文稿。

（3）使用设计模板和版式。

（4）设置母版。

（5）使用配色方案和背景设置。

7.1.2 实验内容

（1）建立一个演示文稿，保存到磁盘上。

（2）再次打开保存过的演示文稿。

（3）学会使用内容提示向导建立演示文稿。

（4）设置幻灯片的版式，编辑母版。

（5）使用幻灯片设计模版，重新设置背景和配色方案。

7.1.3 实验步骤

（1）演示文稿新建、保存和打开。建立一个名为“我的幻灯片”的 ppt 文件。

① 启动 PowerPoint 2010。单击“开始”→“程序”→“Microsoft PowerPoint”，即可启动 PowerPoint 2010。如果桌面上创建了 PowerPoint 2010 的快捷方式，可以双击该快捷方式的图标，迅速启动程序。PowerPoint 2010 的界面如图 7-1 所示。

② 建立新文件。单击菜单栏“文件”→“新建”，选择“空白演示文稿”，就会新建一个空白的演示文档（见图 7-2）。单击快捷图标可以达到同样的目的。

③ 保存该文档。单击菜单栏“文件”→“保存”，系统会弹出“另存为”对话框，如图 7-3 所示。

“保存位置”选择“桌面”，“文件名”输入“我的幻灯片”，“保存类型”选择“PowerPoint 演示文稿（*. pptx）”类型，点击“保存”，即可完成文档的保存。常见的由 PowerPoint 软件建立的文件类型有：演示文稿类型，文件扩展名为. ppt，用于保存幻灯片编辑格式和编辑内容；演示文稿设计模版类型，文件扩展名为. pot，用于保存幻灯片模版；PowerPoint 放映类型，文件扩展名为.pps，可以直接以全屏的方式播放幻灯片。

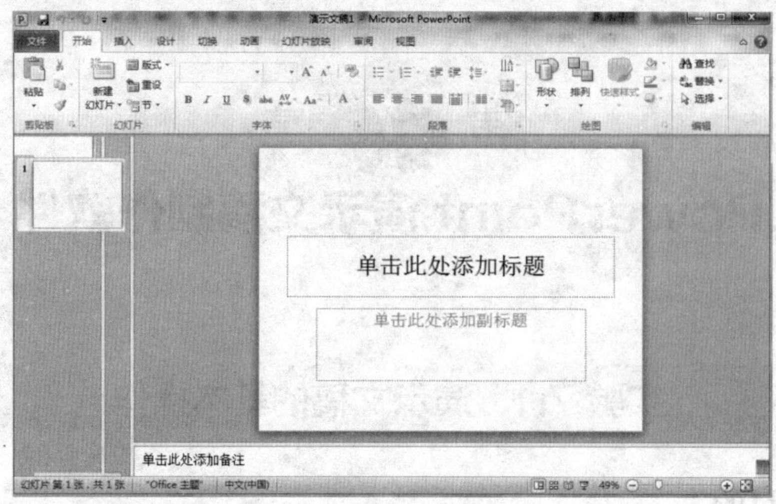

图 7-1　PowerPoint 软件窗口界面

图 7-2　新建演示文稿

图 7-3　保存文件对话框

④ 打开演示文档。单击菜单栏“文件”→“打开”，弹出“打开”对话框如图 7-4 所示，查找范围选中“桌面”，鼠标选中刚才保存的文档，单击“打开”，即可打开演示文档。

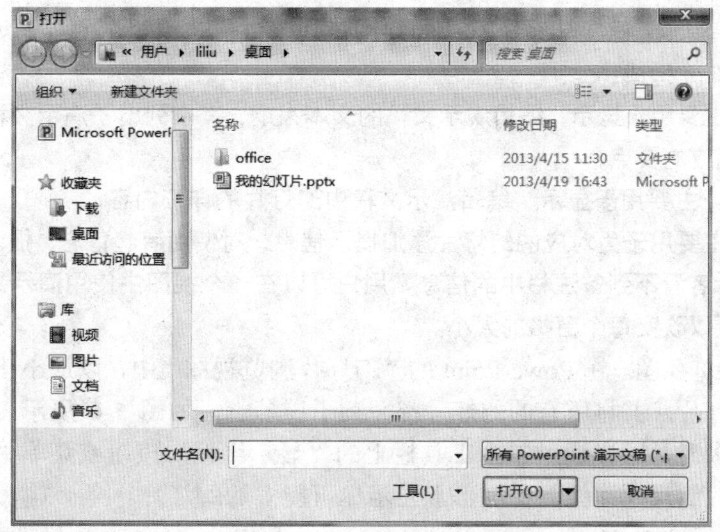

图 7-4　打开文件对话框

（2）使用模版创建演示文稿。这些模版不但给出了预定义的格式、配色方案和背景图等效果，还包含了针对该模版主题提供的建议文本，使用者可以借鉴建议文本的内容进行修改后得到自己的演示文稿。这里建立一个毕业答辩用的演示文稿的过程。单击菜单栏“文件”→“新建”→“office.com 模板”中搜索“论文”，在结果中选择一个模版下载并打开（见图 7-5）。

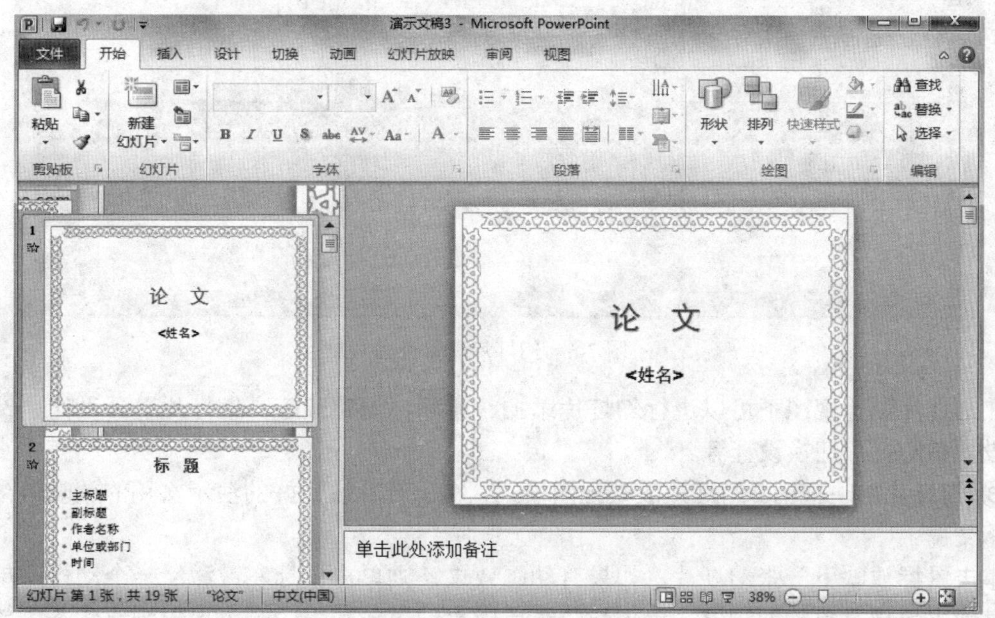

图 7-5　打开论文模板

根据模版给定的每页幻灯片的内容，只填入自己的演示内容，就完成了毕业论文答辩演示文稿的制作。

（3）PowerPoint 的“视图模式”。PowerPoint 的视图模式有：普通视图、幻灯片浏览视图和幻灯片放映视图等，可以通过 PowerPoint 右下的快捷按钮在彼此之间切换。

① 普通视图。普通视图是系统默认的视图模式，该模式下显示的界面如图 7-5 所示。

该视图由 3 部分构成：

- 大纲栏：主要用于显示、编辑演示文稿的文本大纲，其中列出了演示文稿中每张幻灯片的页码、主题以及相应的要点；
- 幻灯片栏：主要用于显示、编辑演示文稿中幻灯片的详细内容；
- 备注栏：主要用于为对应的幻灯片添加提示信息，对使用者起备忘、提示作用，在实际播放演示文稿时观看者看不到备注栏中的信息。用户可以在一个视图中使用演示文稿的各种特征。拖动窗格的边框可以改变每个窗格的大小。

② 幻灯片浏览视图。在 PowerPoint 的“幻灯片浏览视图”中，以最小化的形式显示演示文稿中的所有幻灯片，并将所有的幻灯片都并列于屏幕上，如图 7-6 所示。当一个演示文稿的幻灯片数量较多时，可以通过常用工具栏上的“显示比例”按钮或菜单“视图”→“显示比例”调整幻灯片的尺寸比例，在屏幕上显示尽可能多的幻灯片。

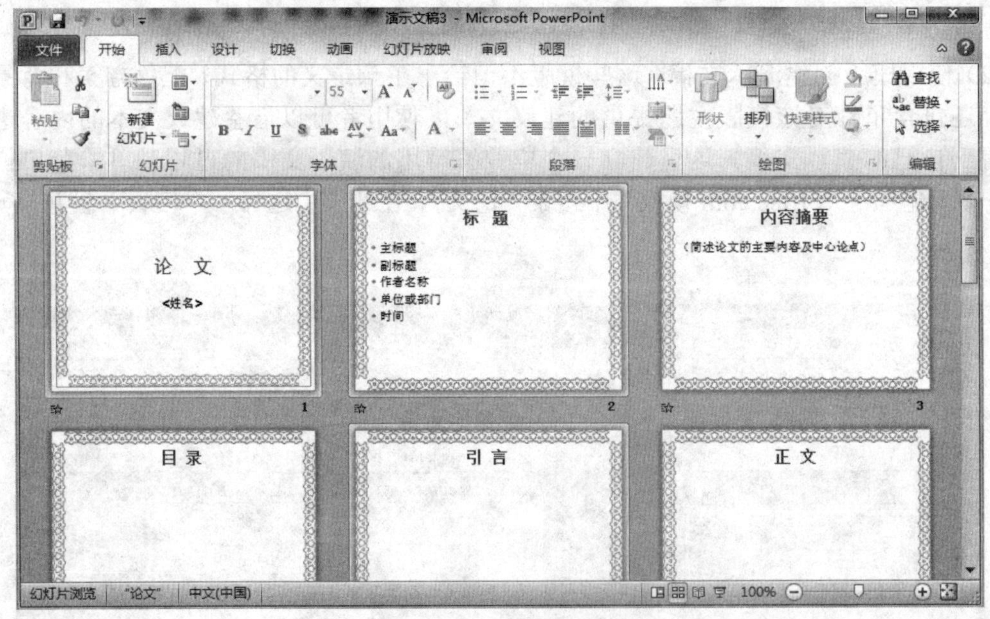

图 7-6 幻灯片浏览视图

在幻灯片浏览视图下可以进行幻灯片添加、删除、调整顺序、幻灯片动画设计、幻灯片放映设置和幻灯片切换设置等。

③ 幻灯片放映视图。幻灯片放映视图模式，用于查看设计好的演示文稿的放映效果及放映演示文稿。

单击鼠标放映下一张幻灯片，如果有动画效果，则单击鼠标左键激活一个动作。单击鼠标右键弹出快捷菜单辅助浏览，单击快捷菜单中“结束放映”命令，退出浏览状态。放映结束或中途按 Esc 键也可以退出浏览状态。

（4）设置版式。根据每页幻灯片需要表达的内容不同，可以选择不同的幻灯片版式（见图 7-7）。PowerPoint 提供了多种不同的版式。选用一个合适的版式，可以在该版式下直接输入幻灯片的内容。

利用版式为刚建立的文档制作两张幻灯片。选择菜单栏“开始”→“幻灯片”→“幻灯片版式”按钮，就会弹出“幻灯片版式”菜单。在这里可以选用预先设定好的一些版式。如果认为这些版式都不能满足设计需要，可以选择内容版式中的“空白”版式。选中第一张幻灯片，选择“标题幻灯片”版式，如图 7-8 所示，则这张幻灯片自动变成有标题和副标题的标题幻灯片。在标题位置输入“计算机基础辅助教学系统”，副标题位置输入“‘我爱 C’ 开发组”。输入了标题后的幻灯片如图 7-9 所示。

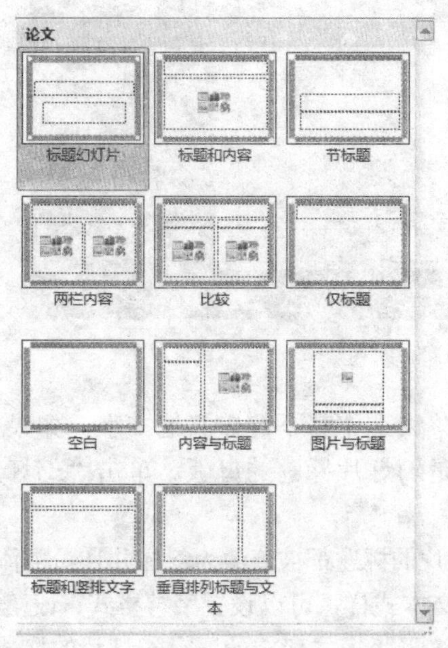

图 7-7　幻灯片版式

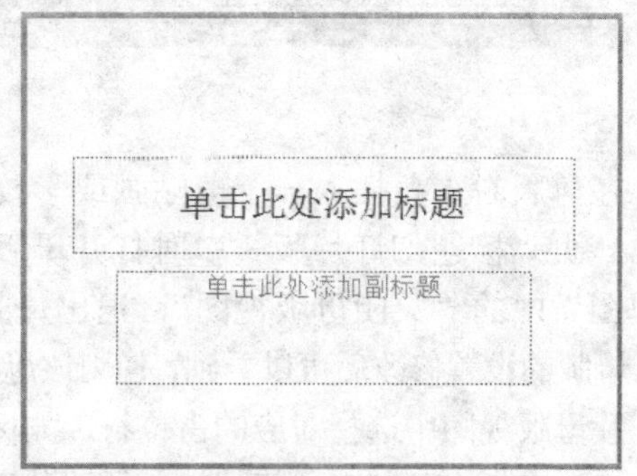

图 7-8　标题模板

（5）幻灯片母版。在 PowerPoint 中使用母版设计并保存模版的元素，包括配色方案、背景设计、文本格式以及插图位置等内容。使用幻灯片母版进行全局的修改，母版上的修改将会引起每张幻灯片的改变。如果只是要让一个演示文稿中个别的幻灯片的显示与其他幻灯片不同，只能修改幻灯片，而不能修改幻灯片的母版。幻灯片的母版有 3 类：幻灯片母版、讲义母版和备注母版。通过修改母版将两张幻灯片的标题修改为加粗、斜体。选择菜单栏“视图”→“母版视图”→“幻灯片母版”，进入幻灯片母版视图（见图 7-10）。同时 PowerPoint 自动打开母版视图工具条。

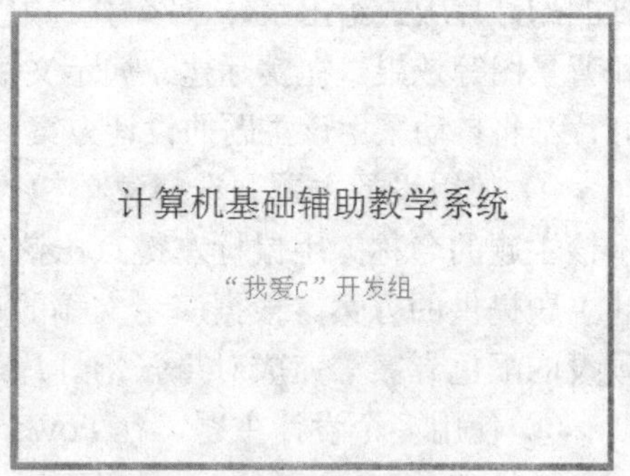

图 7-9　添加了标题

对母版的操作提供了“母版工具栏”，幻灯片目标上有标题样式占位符、文本样式占位符，底部有日期/时间占位符、页脚占位符和幻灯片编号占位符。每个占位符都是用虚线围成的一块区域，可以在里面添加文本和图片等。

在幻灯片母版视图中，使“单击此处编辑母版标题样式”被选中，点击快捷按钮 *I* 和 B 使“单击此处编辑母版标题样式”字样变成斜体、粗体，字体更换为“隶书”，文字大小设定为 48 号字。

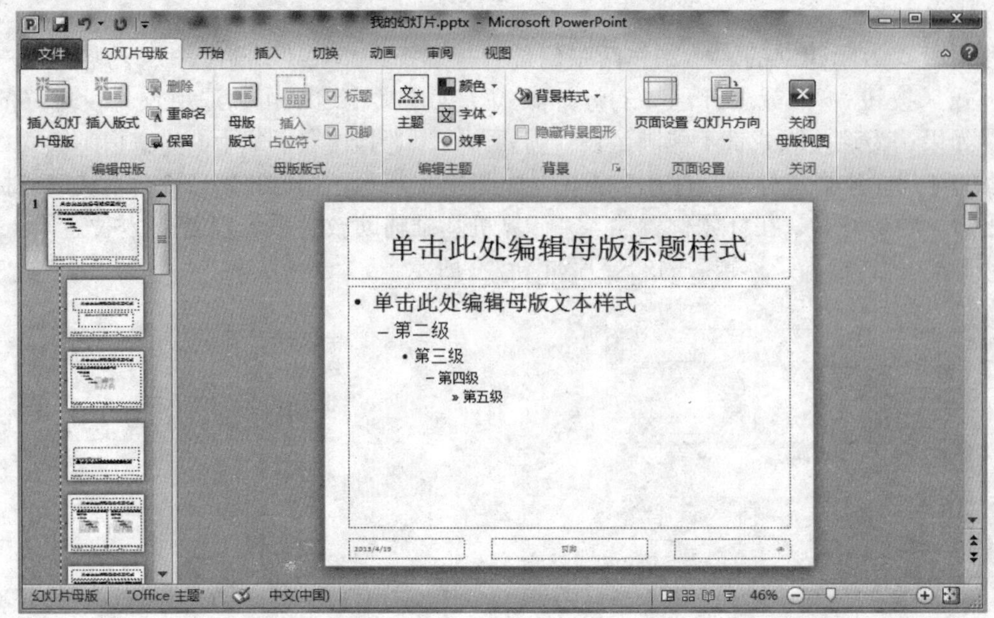

图 7-10　编辑母版

在母版右上角插入一个剪贴画或学校的校徽，调整大小使其不覆盖其他文字。如果在显示第一页“标题幻灯片版式”时打开母版，则修改的是幻灯片标题的母版。单击“幻灯片母版视图”中的“关闭母版视图”，退出母版视图。

母版的设置修改后可以看到，使用该母版建立的幻灯片的标题都被修改为斜体并且为粗体。在幻灯片母版视图中选择对应的占位符，如标题式样或者文本式样，可以设置字符格式、段落格式等。修改母版中某一对象格式，就同时修改了所有使用该母版模式建立的所有幻灯片的格式。

（6）幻灯片设计。PowerPoint 提供了各种专业的设计主题，针对每个设计主题一般会使用到的幻灯片版式给出字体、字号、颜色等的设计方案，这些设计包含预定义的格式、配色方案和背景图等效果。在实际建立演示文稿的过程中，用户可从中选择任意一种，这样所生成的幻灯片都将自动采用该主题的设计方案，从而使演示文稿中的幻灯片风格协调一致。

① 使用设计主题。选择菜单栏“设计”→“主题”，鼠标悬停在某个主题样例上，则提示该主题的名称。用鼠标左键点击该主题，则该 PowerPoint 文稿中所有的幻灯片都使用该设计主题提供的方案。根据演示文稿的每张幻灯片的版式不同，PowerPoint 自动根据设计主题预设的配色方案等完成对每张幻灯片的设置。

② 使用多个设计主题。在 PowerPoint 2000 以前的版本中，同一个 PPT 文稿中只能使用一种设计主题。

如果想选用不同的主题，只能新建一个 PPT 文稿，然后与第一个 PPT 文件做链接，比较麻烦。

但是在 PowerPoint 2010 版本中却支持这个功能，大大方便了用户的使用，方法如下：

- 打开 PowerPoint 2010，选择要设置主题的幻灯片。
- 点击菜单栏“设计”→“主题”。
- 在“主题”中选择要应用到某一张幻灯片的主题，右键单击（如图 7-11 所示），选择“应用于选定幻灯片”即可。
- 要给多张幻灯片设置同一主题，可在“幻灯片”选项卡上的缩略图中，按“Shift”键选中多张连续的幻灯片，或用“Ctrl”键选中多张不连续的幻灯片，然后按照上面的方法进行设置即可。

（7）设置背景。每张幻灯片都可以独立设置背景，背景可以设置为单一颜色、双色、纹理、图案或某张图片。

① 背景设置对话框。点击某张幻灯片为当前幻灯片。选择菜单栏“设计”→“背景”→“背景样式”下拉菜单中选择“设置背景格式”，弹出“设置背景格式”对话框如图 7-12 所示。

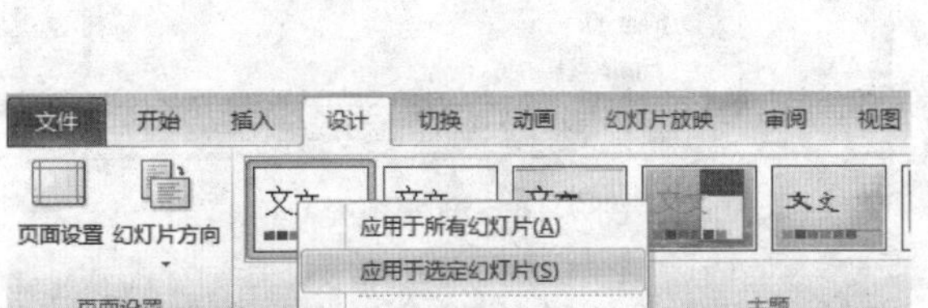

图 7-11　应用范围

图 7-12　设置背景格式

选择对话框的“纯色填充”，单击“颜色”栏下拉列表箭头，则会打开幻灯片的配色方案菜单（见图 7-13）。如果要修改为颜色方案中的颜色，单击“自动”；如果所需颜色不在配色方案中，单击“其他颜色”打开颜色设置对话框。

② 改变背景颜色。如果系统按照配色方案提供的颜色都不适合作为幻灯片背景颜色，则可以单击“其他颜色”打开颜色设置对话框，如图 7-14 所示，选择一种颜色。

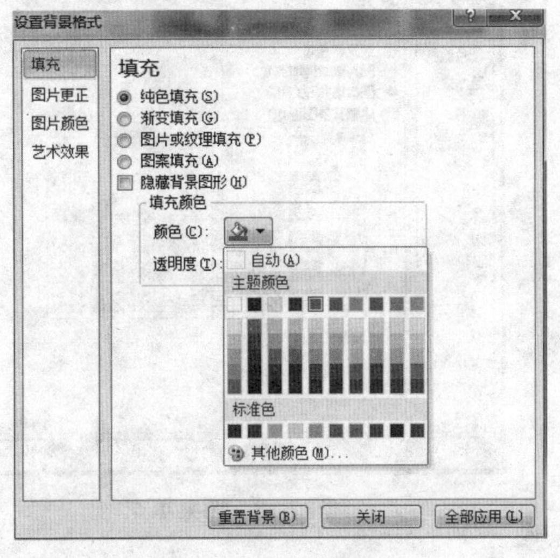

图 7-13　配色方案

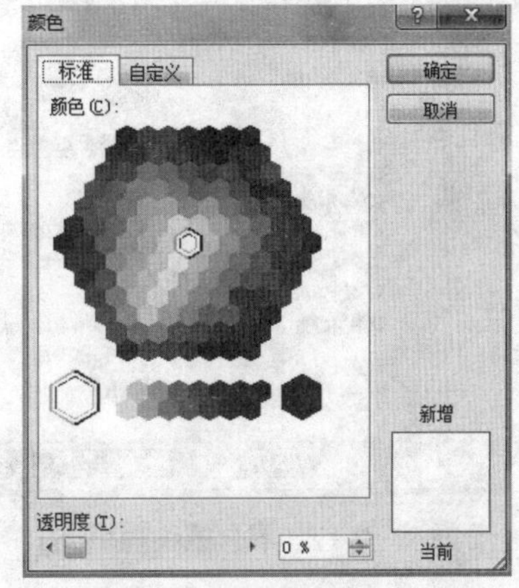

图 7-14　标准颜色

单击“标准”选项卡，在系统提供的若干种标准颜色中选择所需的颜色；如果这些颜色仍然不能满足要求，请进入“自定义”选项卡（见图 7-15），调配合适的颜色。

③ 渐变填充效果。使用单一颜色作为幻灯片的背景有时显得比较单调，这时可以考虑使

用更复杂的颜色配置作为幻灯片的背景。打开设置背景格式对话框后，选定“渐变填充”（见图 7-16）可以将幻灯片背景设定为渐变颜色。

图 7-15　自定义颜色

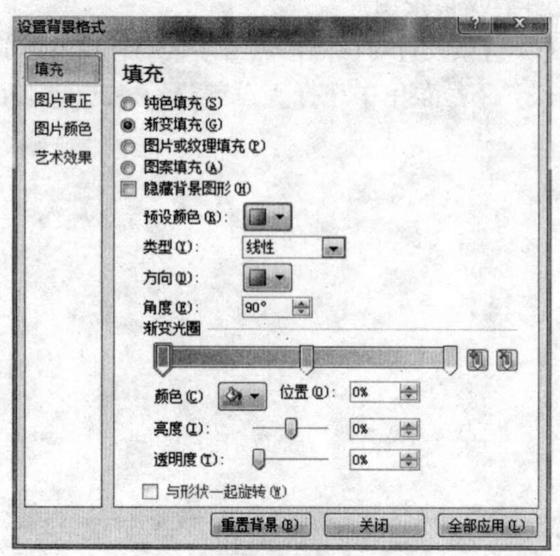

图 7-16　渐变填充

④ 图片或纹理填充效果。可以使用 PowerPoint 提供的某种纹理或图片作为幻灯片的背景。打开设置背景格式对话框，选定“图片或纹理填充”选项卡，如图 7-17 所示。

点击某种纹理后，在纹理下面显示纹理的名称。

⑤ 图案填充效果。可以将幻灯片背景设定为某种图案。打开设置背景格式对话框，选定“图案填充”选项卡，如图 7-18 所示。选定某种图案后，可以重新设定该图案的前景颜色和背景颜色。

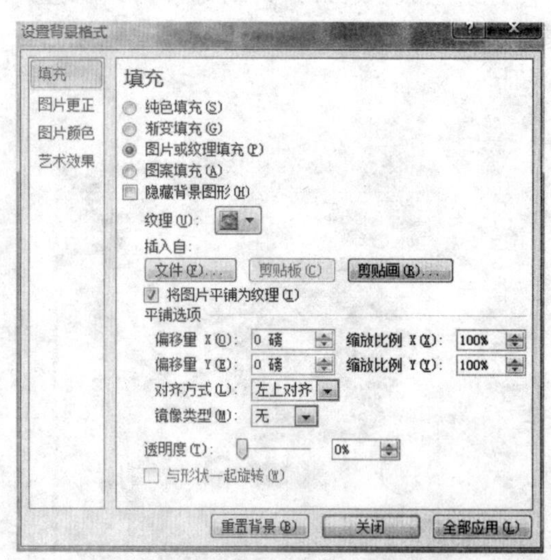

图 7-17　图片或纹理填充

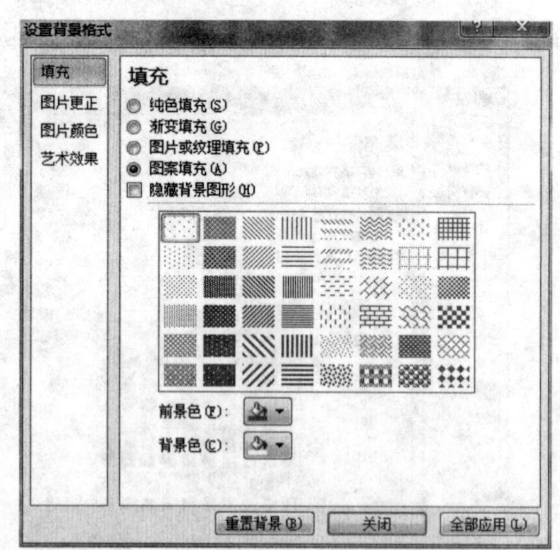

图 7-18　图案填充

（8）编辑配色方案。如果使用了系统提供的设计模版，可以另外选择幻灯片的配色方案。根据设计模版中给定的内容不同，将幻灯片的背景、文字颜色等自动设置为配色方案中指定的颜色。选择菜单栏“设计”，单击其中的“主题”→“颜色”，显示当前系统提供的配色方案，如图 7-19 所示。

单击菜单栏的“新建主题颜色”，进入“新建主题颜色”对话框，如图 7-20 所示。

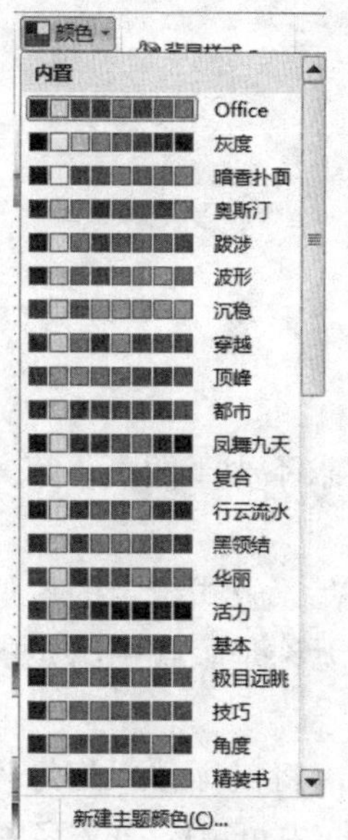

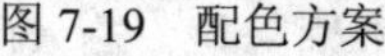

图 7-19　配色方案

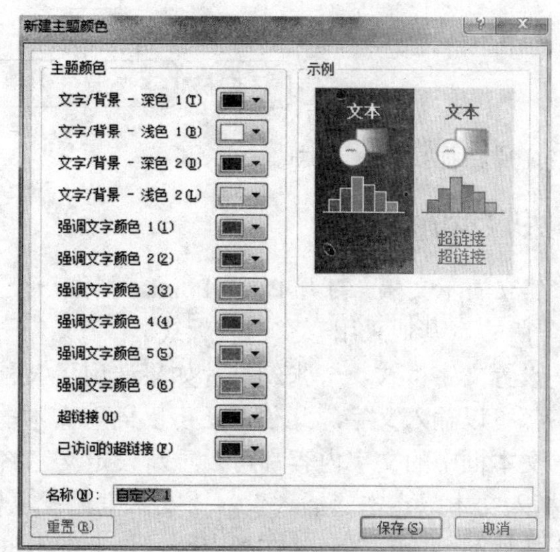

图 7-20　新建主题颜色

在选项卡中可以对配色方案进行细节的颜色修改。

实验 7.2　幻灯片内容制作与编辑

7.2.1　实验目的

（1）编辑文字内容。

（2）插入页眉、页脚、图片、表格和艺术字。

（3）插入图表、超级链接和组织结构图。

7.2.2　实验内容

定义一个演示文稿，要求：

第一页：采用“仅标题”版式，标题设置为红色、隶书加粗、字号大小为 48；在副标题的位置插入一个水平位置文本，华文行楷、斜体、字号大小为 40。

第二页：插入一个剪贴画或图片；插入一个 3×3 的表格，添上文字并居中，填充绿色，右下角的表格里添加艺术字。

第三页：添加一副柱形圆柱图，数据如下所示：

	物理	高数	英语	计算机
一班	10	9	12	8
二班	11	8	6	6
三班	8	5	7	4

添加一个超级链接，点击跳到第一页。

第四页：添加一个组织结构图，如下所示。可选过程填充色为浅黄色，线条为实线，黑色，线型单线，粗细 0.75 磅，文字居中；直线为实线，黑色，线型单线，粗细 2.25 磅。

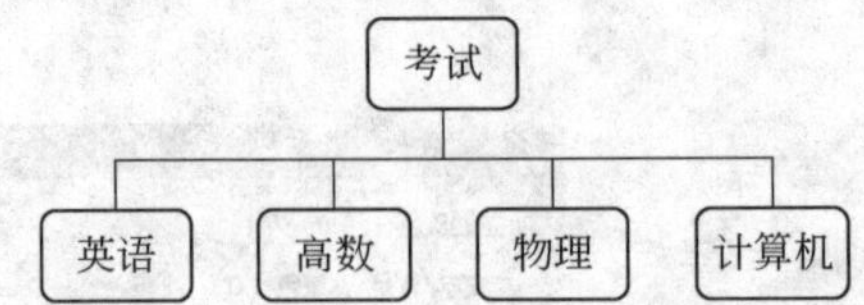

为幻灯片添加页眉、页脚。

7.2.3 实验步骤

（1）建立演示文稿。打开 PowerPoint，制作一个 ppt 文件，要求不少于四页，第一页采用“仅标题”版式，其他采用“空白”版式。

（2）设置文字格式。一张幻灯片如果选用了某种网页版式，在该版式给定的占位符和自选图形中都可以输入文字。此外，还可以插入文本框输入文字。无论是版式中给定的占位符或插入的文本框中的文字内容都可以重新设定文字格式。

① 插入文本。点击“插入”→“文本框”→“横排文本框”，将鼠标移入幻灯片编辑区域，单击并移动。松开之后就在相应区域画上文本框，在该文本框内可以添加文字。

② 修饰文本。无论是幻灯片版式上提供的文字输入区域还是文本框区域，输入的文字都可以再对文字格式进行更多设置。

颜色为红色、字体为隶书、字形加粗、字号大小为 48。

提示：可以从工具栏进行设置，和 Word 中设置字体一样。

（3）插入剪贴画。在幻灯片上可以添加图片或剪贴画。点击“插入”→“图像”→“剪贴画”，选定一个剪贴画后拖到幻灯片的合适位置，点击该剪贴画后可以将它调整到合适大小。

（4）插入艺术字。点击“插入”→“文本”→“艺术字”，如图 7-21 所示。选择一种艺术字体，弹出“编辑‘艺术字’文字”文本框，如图 7-22 所示。在“编辑‘艺术字’文字”文本框里输入要编辑的文字，选择字体、字号等。此时在幻灯片编辑区里出现了艺术字，调整艺术字的位置和形状。

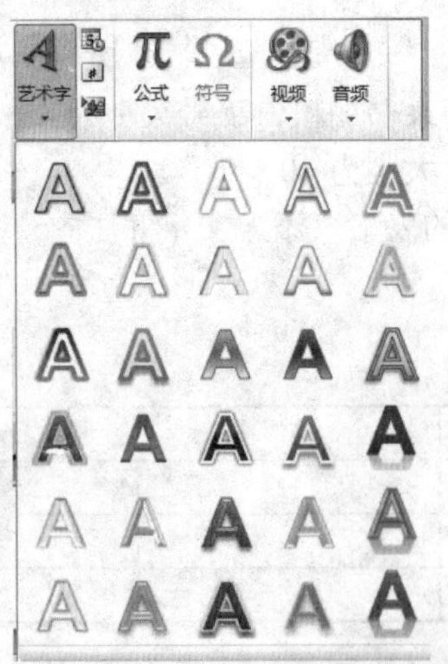

图 7-21　艺术字

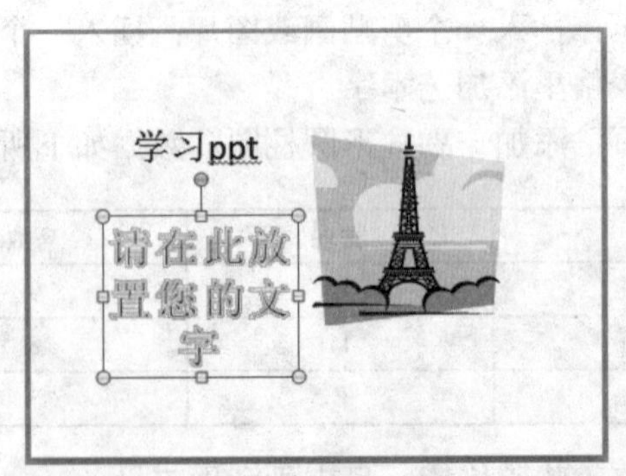

图 7-22　编辑艺术字

（5）插入表格。点击“插入”→“表格”→“插入表格”，弹出“插入表格”对话框，设置行数和列数，点击“确定”。将表格拖到合适位置并调整好大小。选择表格，根据工具栏可对其进行具体设置（见图 7-23）。

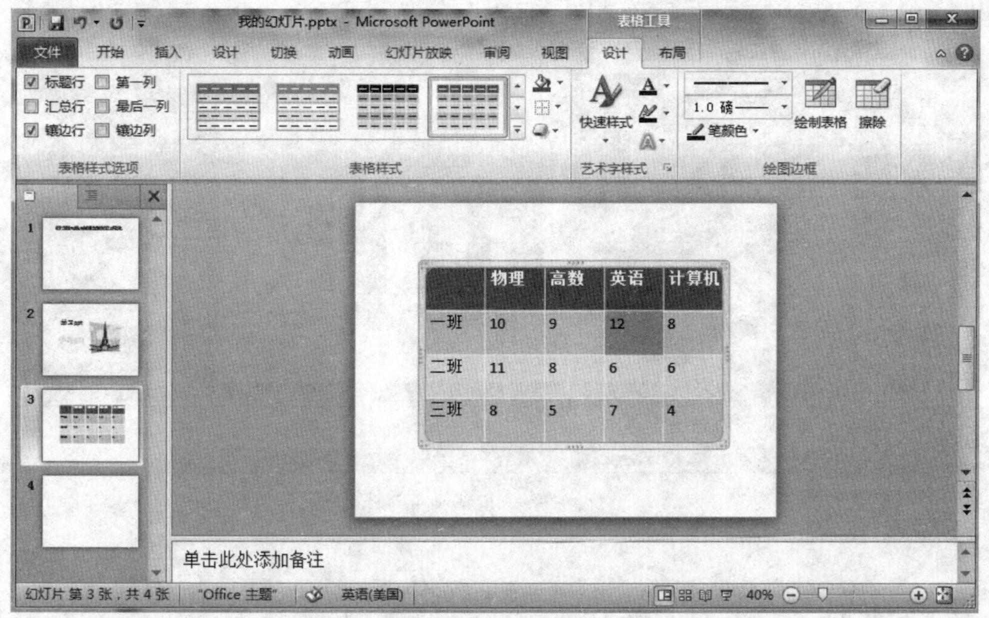

图 7-23　设置表格

（6）插入图表。选择菜单项“插入”→“插图”→“图表”，弹出插入图表对话框（见图 7-24）。选择“簇状柱形图”，幻灯片显示编辑图表状态，如图 7-25 所示。编辑数据表的内容，输入合适的数据内容。和 Excel 编辑图表有类似之处，可以对显示的图进行更多设置。

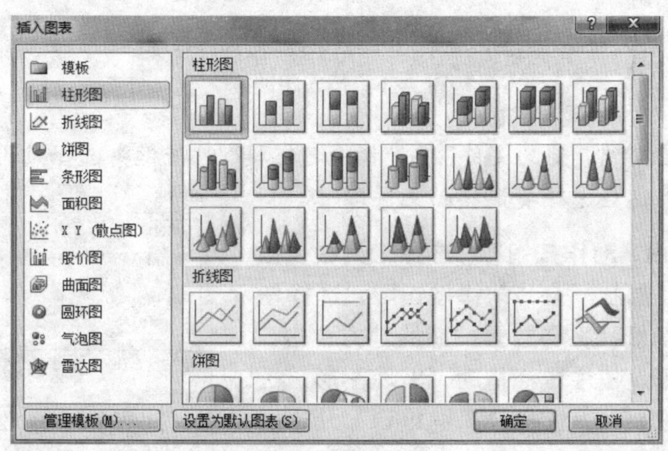

图 7-24　插入图表

（7）添加超级链接。添加超级链接有两种方法：

- 方法一：使用“超链接”命令。点击第二页的图片，右键选择“超链接”，弹出“插入超链接”对话框，如图 7−26 所示。“链接到”选择“本文档中的位置”，然后再选择“幻灯片 5”，点击“确定”。

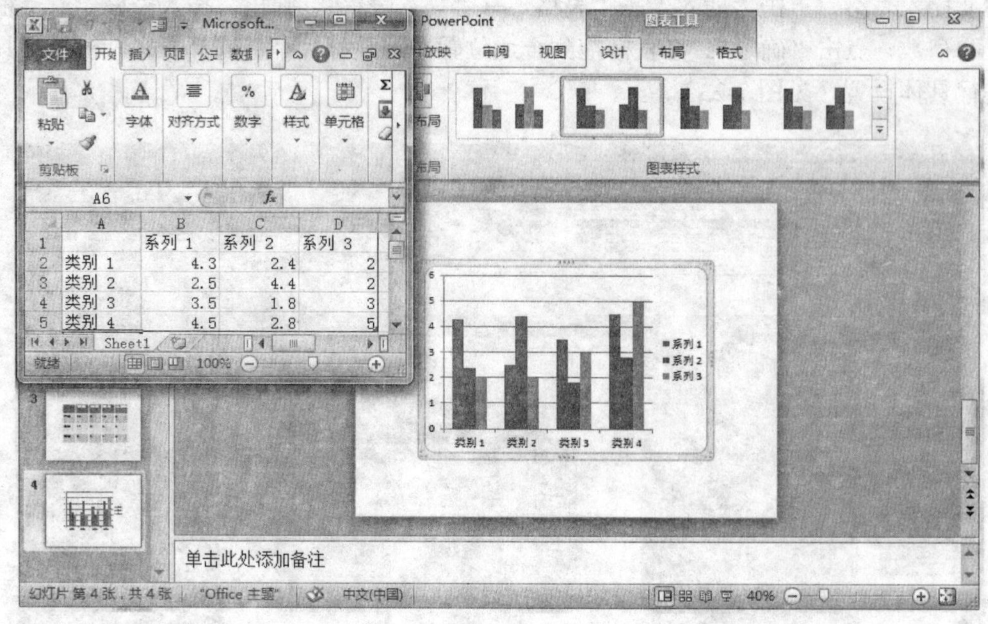

图 7-25　图表数据

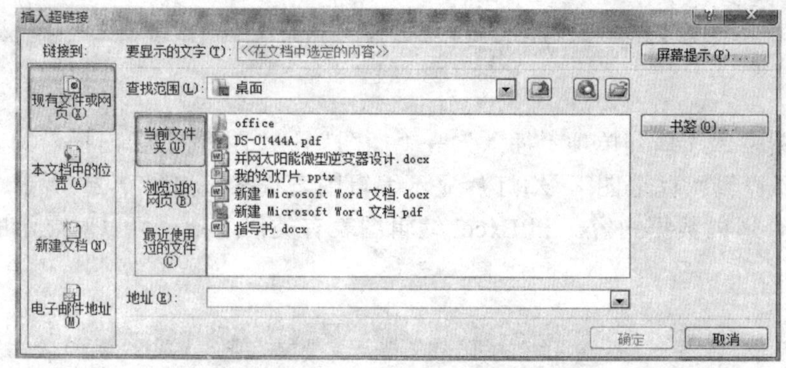

图 7-26　插入超链接

提示：如果要链接到其他的文件，在“插入超链接”对话框中选择“现有文件或网页”或其他，然后选择要链接的文件即可。

• 方法二：使用“动作按钮”。选择工具栏“插入”→“插图”→“形状”→“动作按钮”，选择任意一个图案。选定幻灯片将要放置按钮的地方单击，此时鼠标变为十字形，按住鼠标拖动，出现图形，松开鼠标弹出“动作设置”，选择“超链接到”，单击下面的下拉条，选择“幻灯片”，在弹出的“超链接到幻灯片”的对话框里选择“幻灯片 5”，如图 7-27 所示，这样，放映幻灯片时点击图片就会跳到第五页。

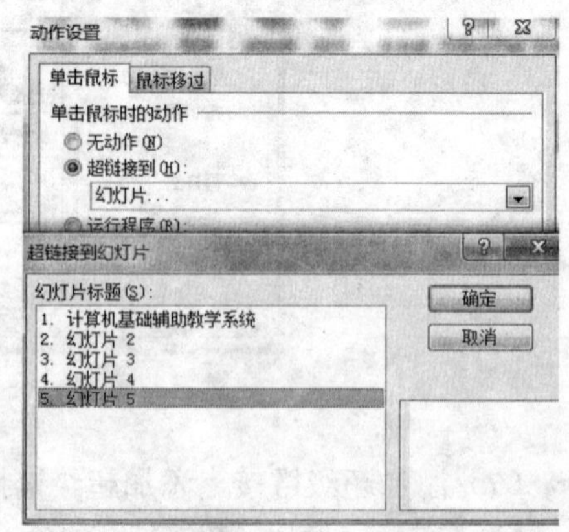

图 7-27　动作设置

（8）添加组织结构图。在演示文稿需要利用组织结构图制作幻灯片时，打开一个新的幻灯片，可以选定该幻灯片的版式为“图片与标题”。如果没有选择这个版式，则选择菜单“插入”→“插图”→“SmartArt”。弹出“选择 SmartArt 图形”对话框，如图 7-28 所示。选择“层次结构”→“组织结构图”，单击“确定”，幻灯片变为组织结构图模式，如图 7-29 所示。在“组织结构图”窗口，显示带有边框的新图表模版，在该模版上进行编辑。

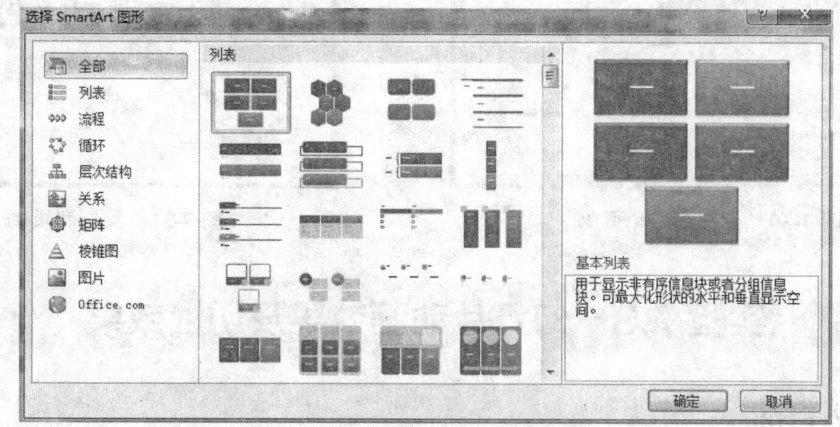

图 7-28　选择 SmartArt 图形

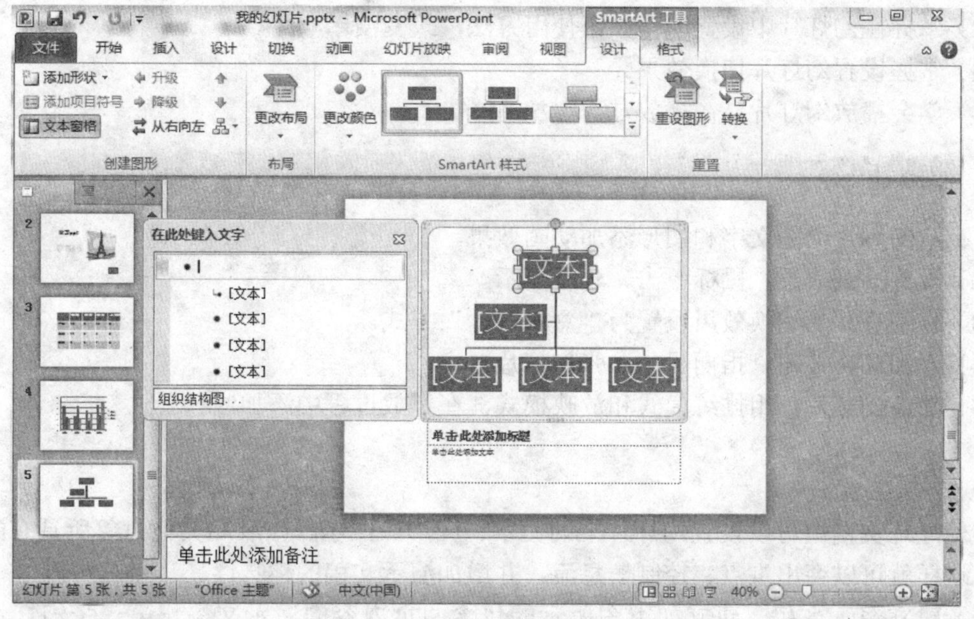

图 7-29　编辑结构图

用鼠标左键选中第二行中间一个可选过程，点击组织结构图工具栏“创建图形”→“添加形状”项右侧的下三角形，在展开的选项中选定“在后面添加形状”，则为该可选过程添加一个可选过程。点击每个可选过程可以输入文字内容，使可选过程填充色为浅黄色，线条为实线，黑色，线型单线，粗细 0.75 磅，文字居中；直线为实线，黑色，线型单线，粗细 2.25 磅。

（9）添加页眉、页脚。选择“插入”→“文本”→“页眉和页脚”，弹出“页眉和页脚”窗口，编辑页眉和页脚的内容，如图 7-30 所示，点击“应用”，即可看到幻灯片第五页如图 7-31 所示。

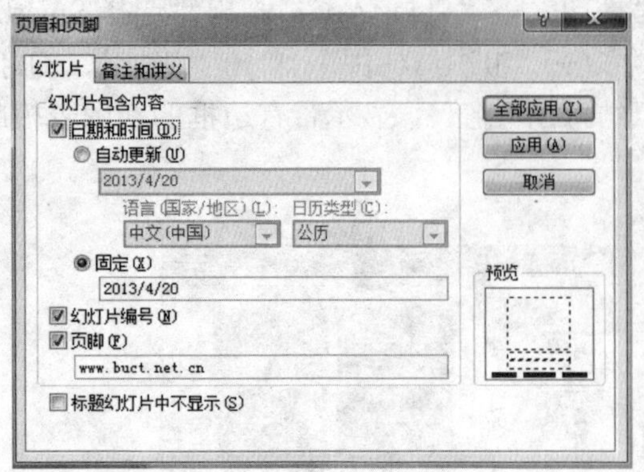

图 7-30　设置页眉和页脚

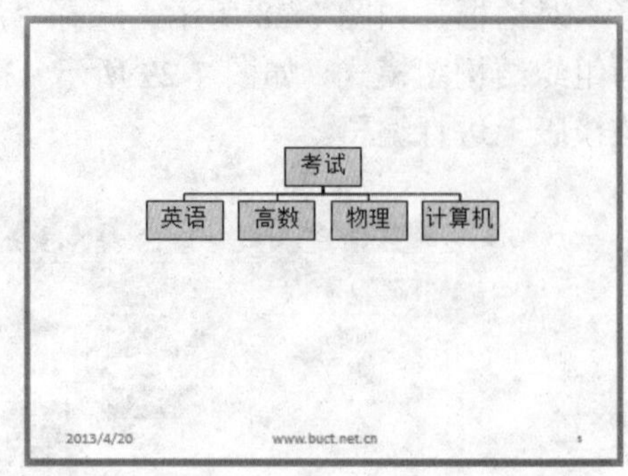

图 7-31　页眉和页脚

实验 7.3　幻灯片动画效果及切换效果

7.3.1　实验目的

（1）掌握幻灯片设置动画效果的方法。

（2）掌握在幻灯片中设置动作按钮使用方法，改变演示顺序。

（3）掌握设置幻灯片切换效果。

（4）学会播放幻灯片，在播放过程中加注释。

7.3.2　实验内容

（1）给幻灯片中的文字和图形添加动画效果。

（2）设置动画效果：鼠标单击、延时显示。

（3）将幻灯片的切换效果设置为“盒状展开”方式。

（4）添加动作按钮，指向另外一张幻灯片。

（5）播放幻灯片：用排练模式和放映模式，在播放过程中添加注释。

7.3.3　实验步骤

在幻灯片文稿中可以设置幻灯片上的文本、图形、图示、图表和其他对象所具有的动画效果，这样就可以突出重点、控制信息流，并增加演示文稿的趣味性。

（1）建立演示文稿。建立如下图所示的包含两页内容的演示文稿。第一张幻灯片使用“标题幻灯片”版式，第二张幻灯片使用“两栏内容”版式。演示文稿使用“跋涉”主题。

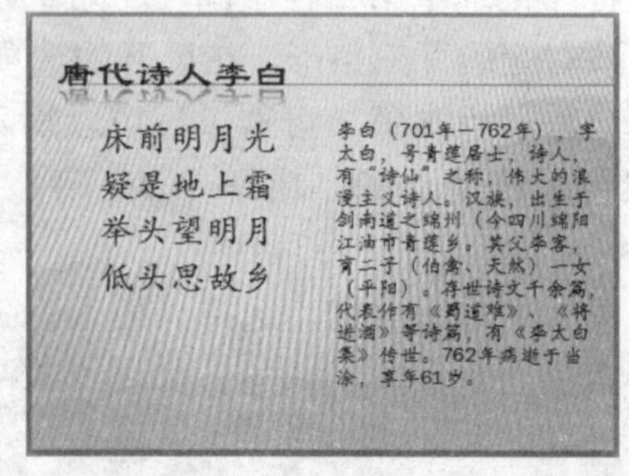

（2）设置动画。

① 选择动画效果。选中第二张幻灯片里的左侧文本框，该文本框显示边框，单击“动画”→“高级动画”→“添加动画”，出现效果类型选择的下拉列表如图 7-32 所示。

选择“更多进入效果”选项，选择“进入”方式的动画效果如图 7-33 所示，列表展开显示软件提供的所有进入效果。选择“百叶窗”选项，则完成了对该文本框设置为百叶窗动画效果的设置。

图 7-32　添加动画效果

图 7-33　选择动画效果

完成设置后，在文本框的左上角显示一个标号，该标号标明了动画的序号，如图 7-34 所示。点击“预览”按钮，可以预览动画播放效果。

用同样的方法，可以将第二个文本框设置为飞入方式。

② 设置动画效果。除了设置动画的出现方式，每一种动画都可以另外设置若干个其他参数，这些参数可以控制动画出现的不同效果。在动画窗格中选定某一个已经定义过的动画效果，在该效果名称的右侧将出现下拉三角，点击该按钮后，显示动画效果设置菜单，如图 7-35 所示。

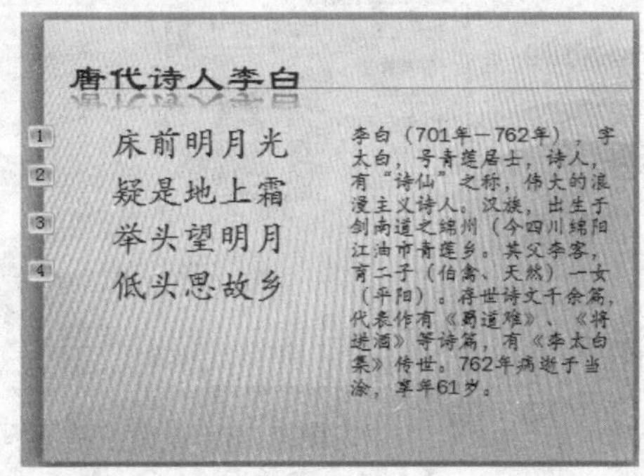

图 7-34　动作效果编号

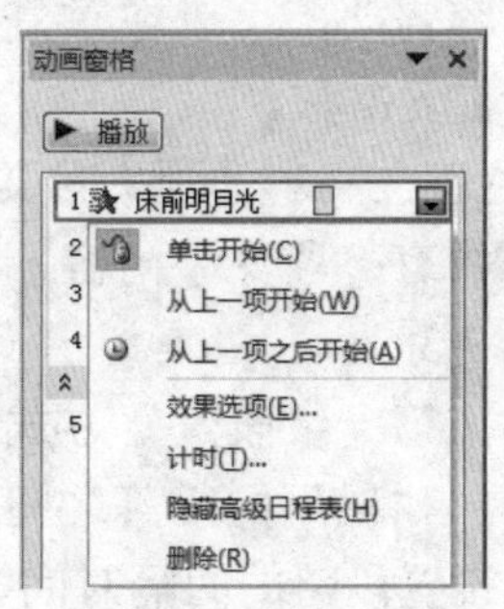

图 7-35　动画效果菜单

选择“效果选项”菜单，打开该动画效果设置对话框，如图 7-36 所示。

根据选定的动画效果不同，可以设置该效果产生的方向。对百叶窗模式，可以选择“水平”和“垂直”两个方向，当前选定了水平展开百叶窗模式。在进行该动画效果的同时，可以播放声音文件，在“声音”选项里选择要播放的声音；如果系统给定的声音效果里没有合适的声音，可以选择最后一个选项“其他声音…”，弹出“添加音频”对话框。完成本次动画播放后，可以将该文字显示改变颜色或隐藏显示。点击“动画播放后”，打开相关设置选项。

对文本内容的动画，可以选择播放文本内容的方式，若选择“按字/词”方式，则达到每次只出现一个文字、文字连续出现的效果。

③ 设置计时方式。打开效果设置对话框的“计时”选项卡，可以对动画播放的时间信息进行设置。

可以设定动画开始的方式：可以设置为单击鼠标开始播放动画或单击鼠标后等待设定的时间后开始播放动画。

如果设置了单击鼠标后延迟方式，则应在延迟时间选项中设定延迟时间。可以直接输入时间，也可以通过该选项右侧的微调按钮改变时间设定。

【例】题目要求为“单击鼠标，3 秒后显示一个剪贴画”，则应在图 7-37 中将开始方式设置为“单击时”，“延迟”时间设置为 3 秒。

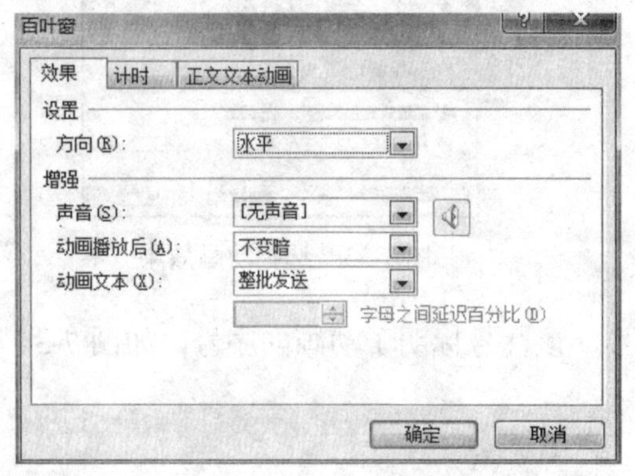

图 7-36 设置动画效果

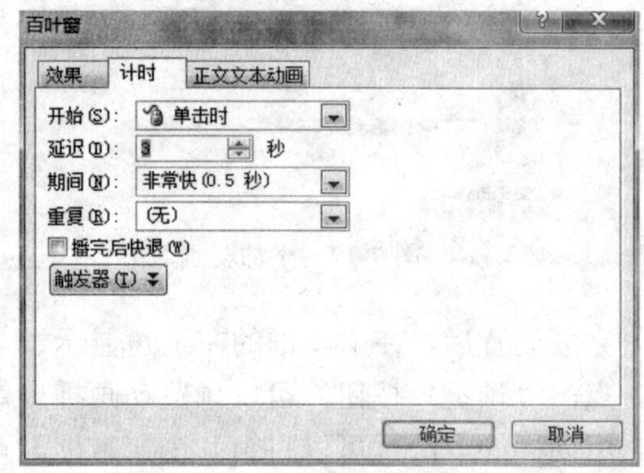

图 7-37 设置动作时间

若题目要求“自动延迟 2 秒播放第二个剪贴画”，则开始方式设置为“上一动画之后”，“延迟”时间设置为 2 秒。在“期间”选项中可以设定动画的播放速度。

根据内容需要，可以在重复方式中设定该动画效果播放的重复次数。

④ 设置正文文本动画。对文本框设置的动画，如果文本框内有多段文字内容，可以设置段落显示方式（见图 7-38）。

选择“按第一级段落”方式，则每次显示其中的一个段落。如果不同段落之间显示需要等待一定时间，可以设置段落的间隔时间。

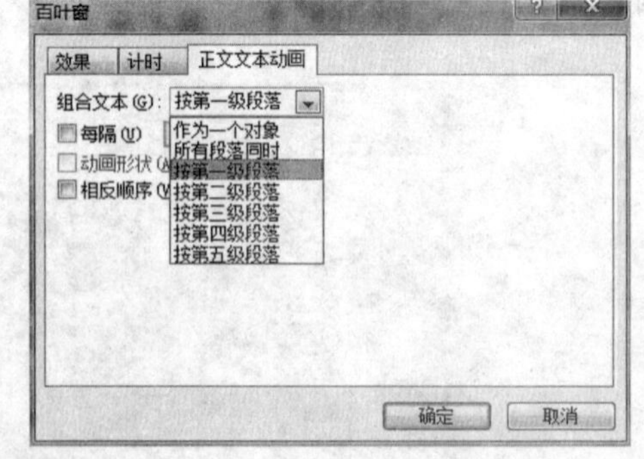

图 7-38 设置文本动画

（3）设置幻灯片切换效果。所谓切换方式，就是幻灯片放映时进入和离开屏幕的方式，既可以为一组幻灯片设置一种切换方式，又能够设置每一张幻灯片都有不同的切换方式，但是必须一张张进行设置。

点击菜单栏中的“切换”即可在选项栏中设置幻灯片的切换模式，如图 7-39 所示。

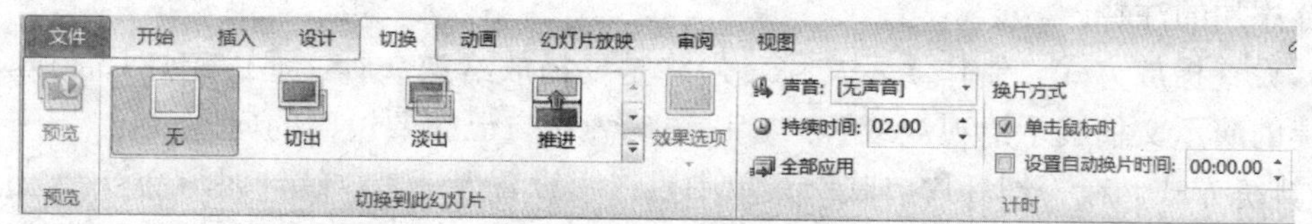

图 7-39　幻灯片切换模式

在切换方式列表中选定一种切换方式，然后可以设置切换效果：可以设定幻灯片的切换速度；还可以在幻灯片切换时播放声音。如选择“盒状收缩”，速度为“快速”，声音为“无声音”。

设定的幻灯片切换方式只应用于当前选定的幻灯片，如果对演示文稿中的所有幻灯片都使用这种切换方式，请点击“全部应用”按钮。

（4）设置动作。在幻灯片上可以设置动作，可设置的动作包括：超链接到另外一张幻灯片、打开某一个网页、打开某一个可执行文件或文档。选定某个文本框、图形等后可以设置动作。选择工具栏“插入”→“插图”→“形状”→“动作按钮”，则出现系统给定的不同外观的动作按钮，如图 7-40 所示。

图 7-40　添加动作按钮

选定其中一种形式的动作按钮，放置在幻灯片上，则弹出动作设置对话框（见图 7-41），在弹出的面板中选择“单击鼠标”选项卡设置“超链接到”→“幻灯片”，弹出“超链接到幻灯片”对话框（见图 7-42）。

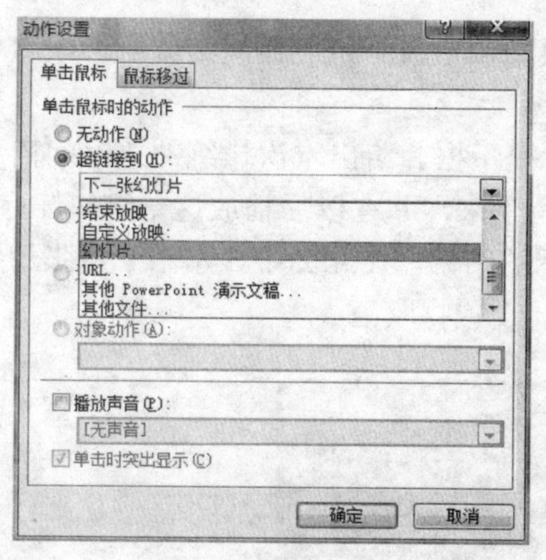

图 7-41　动作设置

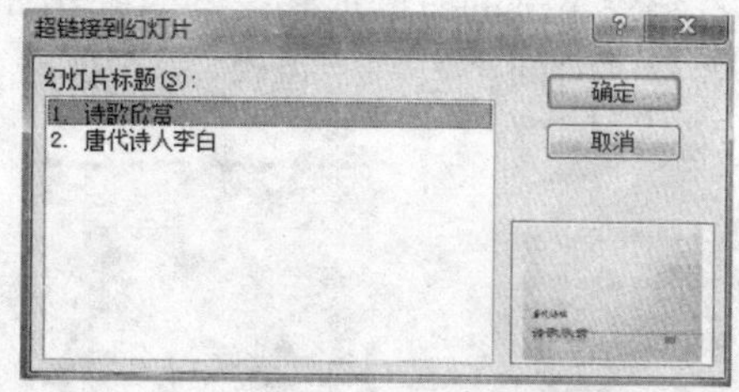

图 7-42　选定链接幻灯片

选择你要切换到的幻灯片后点击“确定”按钮。在幻灯片播放过程中如果点击了该动作按钮，则会返回第一张幻灯片。

（5）在播放过程中加注释。幻灯片的放映过程中，有可能要在幻灯片上写写画画，例如画一幅图表或者在字词下面划线加注重号。这时可以利用 PPT 所拥有的虚拟注释笔功能，在演示的同时也可以在幻灯片上作标记。使用注释笔方法：首先在幻灯片放映窗口中单击鼠标右键，如图 7-43 所示，再选择“指针选项”，选择笔的形状即可，用画笔完成所需动作之后，按 Esc 键退出绘图状态。

选择完成后可以看到鼠标形状已经改变成选定的笔的形状。按下鼠标左键已经不再执行换页或其他设置的动作，在按下鼠标左键移动鼠标的过程中，将在幻灯片上留下轨迹。

按 Esc 键取消注释模式。如果在播放的过程中添加了注释，在关闭幻灯片放映时会提示是否保存添加的注释。

（6）设置播放方式。制作演示文稿，最终是要播放给观众看。通过幻灯片放映，可以将精心创建的演示文稿展示给观众或客户，以正确表达自己想要说明的问题。

① 排练方式。在“幻灯片放映”菜单中点击“设置”→“排练计时”命令，激活排练方式。此时幻灯片放映开始，同时计时系统启动，在播放幻灯片的左上角显示预演的计时窗口（见图 7-44）。

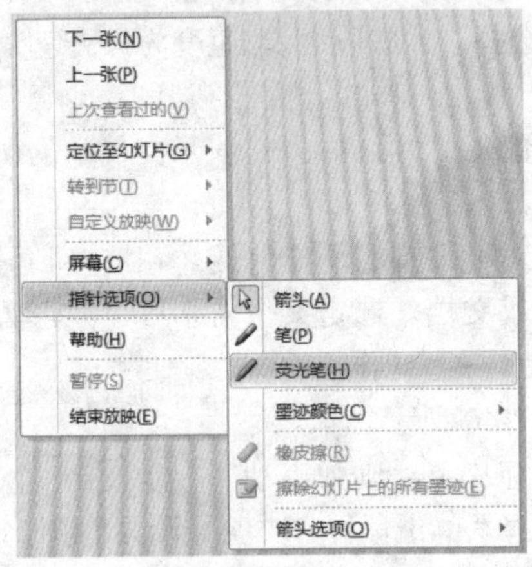

图 7-43　选择注释用笔

图 7-44　播放计时

重新计时可以单击快捷按钮，暂停可以单击快捷按钮，如果要继续就要再一次单击按钮。

当放完最后一张幻灯片后，系统会自动弹出一个提示框，给出本次排练的总时间情况。如果选择“是”，那么上述操作所记录的时间就会保留下来，并在以后播放这一组幻灯片时，以本次记录下来的时间放映，同时弹出如图 7-45 所示的结果，在此图中显示出了每张幻灯片放映的对应时间；点击“否”，那么你所做的所有时间设置将取消。

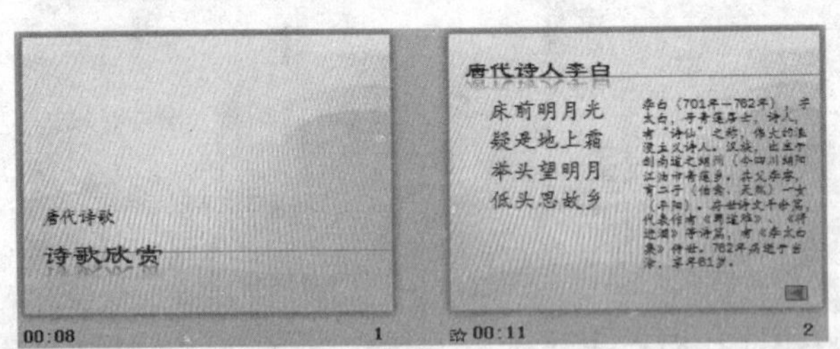

图 7-45　显示播放时间

一旦设定了排练计时后，则在幻灯片浏览模式下显示每张幻灯片播放的时间。

② 放映方式。根据观众的不同和幻灯片使用方式的不同，可以设置多种放映方式。点击菜单栏中“幻灯片放映”中的“设置幻灯片放映”选项，打开设置放映方式对话框（见图 7-46）。通常使用的是“演讲者放映”方式；选择“在展台浏览”方式时，演示文稿会自动循环播放。

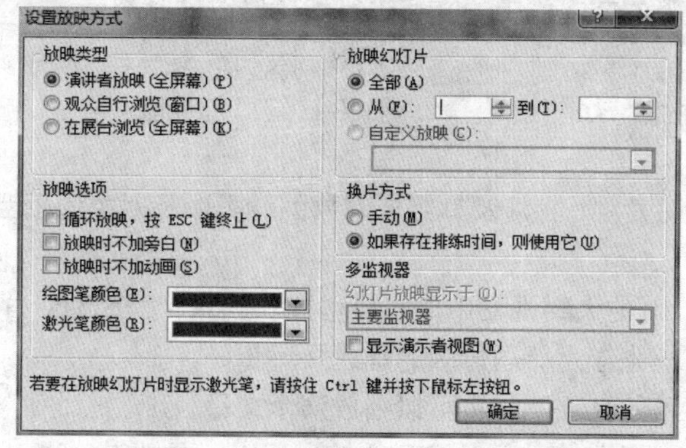

图 7-46　设置放映方式

练　习　题

一、单项选择题

1. PowerPoint 中改变正在编辑的演示文稿模板的方法是_____。
   A. “格式”菜单下的“应用设计模板”命令
   B. “工具”菜单下的“版式”命令
   C. “幻灯片放映”菜单下的“自定义动画”命令
   D. “格式”菜单下的“幻灯片版式”命令

2. 用户创建的每一张演示单页称为_____。
   A. 旁白　　B. 讲义
   C. 幻灯片　　D. 备注

3. _____是事先定义好格式的一批演示文稿方案。
   A. 模版　　B. 母版
   C. 版式　　D. 幻灯片

4. 对母版的修改将直接反映在_____幻灯片上。
   A. 每张　　B. 当前
   C. 当前幻灯片之后的所有　　D. 当前幻灯片之前的所有

5. 要使幻灯片在放映时能够自动播放，需要为其设置_____。
   A. 超级链接　　B. 动作按钮
   C. 排练计时　　D. 录制旁白

6. PowerPoint 2010 中，要为幻灯片上的文本和对象设置动态效果，下列步骤中错误的是_____。
   A. 在浏览视图中，单击要设置动态效果的幻灯片
   B. 选择“幻灯片放映”菜单中的“自定义动画”命令，单击“顺序和时间”标签
   C. 选择要动态显示的文本或者对象，在启动动画中选择激活动画的方法
   D. 要设置动画效果，单击“效果”标签

7. PowerPoint 2010 中，在_____视图中，用户可以看到画面变在上下两半，上面是幻灯片，下面是文本框，可以记录演讲者讲演时所需的一些提示重点。
   A. 备注页视图　　B. 浏览视图
   C. 幻灯片视图　　D. 黑白视图

8. 能对幻灯片中插入的文本框中的文字进行编辑修改的状态是_____。

A. 幻灯片视图　　B. 大纲视图

C. 幻灯片浏览视图　　D. 幻灯片放映

二、判断题

1. 在 PowerPoint 幻灯片中，将涉及其组成对象的种类以及对象间相互位置的问题称为版式设计。(　　)

2. 在 PowerPoint 2010 的大纲视图中，可以增加、删除、移动幻灯片。(　　)

3. 一个演示只能有一张应用标题母版的标题页。(　　)

4. 在不打开演示文稿的情况下，也可以播放演示文稿。(　　)

5. 在使用 PowerPoint 的幻灯片放映演示文稿过程中，要结束放映，可按 Esc 键。(　　)

三、操作题

按照下列要求制作 PowerPoint 电子演示文稿。

(1) 2 页；“背景”取双色填充效果，底纹样式为斜上；幻灯片切换用中速、盒状展开。

(2) 第一页：主标题为“我们的人生规划”，字体为黑体、大小为 80，字体颜色为红色；副标题为两行，在每行前加任一项目符号，两行内容分别为“自己的职业”和“自己的家庭”，字体为隶书，大小为 40，字体颜色为蓝色。

(3) 第二页：2 段文字（自定，不少于 20 个汉字）和 2 个剪贴画（或图片），文字为红色。演播顺序：自动显示第一个剪贴画，纵向棋盘式展开；单击鼠标，等待 3 秒连续显示 2 段文字；再次单击鼠标，显示第二个剪贴画，从底部飞入。